ROBERTO DA SILVA ROCHA

O livro

Física Experimental e Teórica

2007

teorias e especulações teóricas sobre
relatividade, epistemologia científica
e filosofia física

O LIVRO

ROBERTO DA SILVA ROCHA

Sumário

O LIVRO 2

Uma nova abordagem do paradoxo do
não-movimento de Zenão...5

O que isto tem a ver com o paradoxo
de Zenão-Eudoxo para o movimento? 10

Nosso primeiro corolário sobre o
movimento oscilante está desta forma
estabelecido:...10

Seria esta a solução para o paradoxo
de Zenão Eudoxo? 11

Hipótese:..11

Corolários: 11

É o que se pretende demonstrar. 11

Corolários: 11

A Lei de Hooke Aplicada a Materiais 13

Somente os objetos que possuem

deformação elástica podem mover-se.....................14

Ensaios: 14

Uma flecha lançada de um arco vibra

longitudinalmente e também

transversalmente em vôo. 15

CQD. 15

Campo gravitacional: existe?...................................16

Campo gravitacional: existe?...................................16

LEI DA EVOLUÇÃO DAS LEIS DO

UNIVERSO 22

O TEMPO 32

Referências..48

Bibliografia 49

Paradoxo EPR 50

Descrição do paradoxo 51

Medições em um estado de

entrelaçamento 52

Realidade e integridade 53

Localidade no experimento EPR 53

Variáveis ocultas 54

Desigualdade de Bell 55

Implicações para a mecânica quântica....................55

Notas 57

Referências..58

Bibliografia seleccionada 59

Livros 60

Ligações externas...61

Referências 63

☐...............................**Gato de Schrödinger**64

Origem e motivação 64

O experimento mental 65

Interpretação de Copenhague 66

A interpretação de muitos mundos

de Everett & Histórias consistentes 67

Interpretação conjunta 68

Teorias de colapso objetivas 68

Aplicações práticas 68

Extensões 70

Referências 71

Uma nova abordagem do paradoxo

do

não-movimento de Zenão

Prefácio

Sobre causa e Efeito

Kant dizia: "O espírito científico humano constrói a experiência, graças aos juízos a priori dados pelas categorias analíticas de pensamento formais". Galileu dizia: "As leis do universo são inteligíveis", em seu "Discurso do Método", foi o pai das leis e do método científico chamado lógico. Hume dizia: "Mostra-se que a indução tinha muito mais de ilusão psicológica do que de raciocínio lógico". Somos levados a crer que a água sempre se dilata ao ser aquecida, de 8º para 12º de 12º para 20º, e assim por diante, mas, de 0º para 4º a água se contrai. Biologia: A Biologia faz fracassar todo o princípio científico epistemológico e ontológico do conceito apriorístico da causalidade e do determinismo científico. Bertalanffy desenvolveu a Teoria dos Sistemas Gerais para abarcar a concepção diversa de causalidade, construindo o conceito das causas múltiplas concomitantes para que se obtenha um efeito ou fato na natureza animal ou vegetal, tal a complexidade da Biologia para associar causa e efeito diretamente e de modo lógico e concreto. Feitas estas introduções, podemos abalar agora o pilar central de todo o arcabouço epistemológico da racionalidade científica em suas técnicas de pesquisa e métodos investigativos, refutando o conceito estabelecido como o princípio da causalidade, no binômio causa-efeito, nesta ordem, afirmando aqui que o efeito precede a causa, na verdade o efeito determina e rege a causa, e não o inverso como está estabelecido no senso científico e no senso comum da intuição humana. As causas são regidas pelos seus efeitos. Isto mesmo. Os efeitos são fatos. As causas não são fatos. As causas são justificativas do / no contexto cognitivo humano apenas para racionalizarem-se no fato. Segundo Galileu, fossem os vegetais guiados por leis seriam máquinas determinísticas, cujo comportamento poderia ser previsto e totalmente previsível. É exatamente este conceito que exclui a Medicina do rol das ciências no sentido cartesiano e positivista de ciência de fato. Então, se as causas não explicam os fatos, os efeitos, o que os explica, então? É preciso abandonar a priori a idéia de que os efeitos seguem as causas, e que todo efeito tem uma causa que pode ser determinada. As causas são um contexto de explicação humano, antropocêntrico. Os fatos são do domínio da natureza. Ao perceber um desvio inesperado na órbita, perfeitamente previsível do planeta Urano, o astrofísico Le Verrier foi levado a supor da existência de um corpo celeste oculto e desconhecido, o qual estaria alterando a rota geométrica kepleriana de Urano. A descoberta do novo planeta confirmou a causa do desvio de Urano, era o novo membro dos planetas solares que acabava de ser descoberto, e recebeu o nome de Netuno. Ao perceber um desvio inesperado na órbita perfeitamente e matematicamente previsível do planeta Mercúrio, o mesmo astrofísico Le Verrier previu a existência de um suposto planeta oculto e desconhecido que batizou com o nome provisório de Vulcano. Mas, ao invés de encontrar o nunca localizado novo planeta Vulcano, coube ao Físico Einstein explicar o desvio da órbita do planeta Mercúrio criando o princípio da Física relativística de deformação espaço-temporal causada pela enorme massa gravitacional do Sol cujo efeito nas proximidades mais íntimas de vizinhança de Mercúrio como o Sol, que contrariando a mecânica celeste newtoniana, abalara os alicerces da mecânica e cinética da Física clássica, inaugurando a Física Relativística Eisnteniana. O mesmo físico Isaac Newton propõe em seu Princípia a teoria corpuscular da luz, baseada na mecânica clássica. Young e Fresnel constataram o fenômeno da interferência dos feixes quando cruzados, de partículas de luz. Foi necessário abandonar o princípio da causalidade de Newton para o caso dos feixes de luz, então, Huyghens propôs a nova teoria ondulatória para a luz como explicação para o efeito de dois feixes de luz se cruzarem e ao invés de produzirem um aumento da luminosidade, produzirem também áreas de luz e de sombras, o que somente se explicaria pela teoria e pelo efeito das ondas causando interferências umas nas outras de modos destrutivo. Mais tarde, somaram-se às teorias ondulatórias e corpusculares a teoria quântica da luz, trazida por Max Plank, onde descobre que os fótons de luz saltam de modo descontínuo quando a excitação do elétron os faz saltarem de um orbital para outro orbital emitindo o fóton de luz, em pacotes bem definidos de energia, chamados que quantum. Daí, o nome quântica para esta nova Física. Assim a luz possui três teorias concomitantes para efeitos e causas distintas e diversas:

1 - Corpuscular

2 - Ondulatória

3 - Quântica

A função da Matemática

A Matemática é uma ciência metafísica, justamente porque a Matemática em si é um conjunto de semânticas, de símbolos, de gramática própria para descrever a si mesma, a Matemática. A Matemática tenta traduzir o mundo e a natureza do universo e julgar a beleza do mundo dentro do labirinto incompleto e limitado ao sistema de três variáveis independentes em um sistema de equações do segundo grau e as suas inúmeras limitações do cálculo algébrico.

Corolários:

1 - São os efeitos que explicam as causas; e não o contrário.

2 - Sabemos das doenças, mas não controlamos as causas das doenças.

3 - Sabemos do universo, mas não sabemos da origem, da origem dele.

4 - Sabemos do assassinato de John Kennedy, mas não do culpado.

O efeito rege a causa, a recíproca não é verdadeira. Os efeitos condicionam, determinam, contingenciam e regem as causas. Os efeitos são fatos, causas não são fatos. Segundo um investigador criminalista, o homicídio desvendado pode conduzir às causas, causas das causas, a morte por esfaqueamento, do esfaqueamento que causou a hemorragia, da hemorragia que não pode ser contida, da hemorragia que causou a parada cardíaca, da parada cardíaca que determinou o óbito. O marido furioso que sacou da faca na cozinha e atingiu a esposa, que inferiorizada fisicamente sucumbiu à agressão dos golpes das facadas desferidas pelo marido. Fazendo o caminho inverso no roteiro da investigação do crime, podemos afirmar que as causas não são determinantes necessárias e suficientes para a consumação do crime.

1 - O fato de ser casado não é causa determinante para o crime.

2 - O fato de possuir uma faca também não é causa determinante para o crime.

3 - O fato do marido estar furioso não é causa determinante para o crime.

4 - Os golpes de facadas poderiam não serem causas determinantes para lesionar letalmente, caso pudessem ser amenizadas pelo socorro médico, etc...

5 - A hemorragia poderia ser controlada a tempo de se salvar a vítima. Assim por diante.

A contingência e o Determinismo: Segundo Leibnitz e segundo Cournot a conjunção de causas que afetam um fato nem sempre influem sobre o evento.

Conta o Cournot que um certo senhor Dupont estava com dor de dente, saiu de casa para procurar socorro no consultório de um dentista poucas quadras abaixo do endereço da casa onde estava. No caminho, uma telha, arrancada pelo vento forte da tempestade que havia naquela hora, desaba e atinge a cabeça do sr. Dupont.

De acordo com as leis da mecânica newtoniana as forças do vento arrancam a telha solta, e de acordo com as mesmas leis de

Newton as telhas soltas caem. O fato de cair a telha sobre a cabeça do Sr. Dupont é uma coincidência, um evento fortuito, e somente se torna importante para o Sr. Dupont, naturalmente, do ponte de vista humano do Sr. Dupont, se tivesse a telha caído sobre uma pedra nem saberíamos da história do Sr. Dupont, ou, da telha caída.

Quando falamos em coincidência, sorte, ou, azar, ou de um fato, estamos atribuindo alguma intensão obscura à natureza inanimada, como se fosse intencional o ato casual, natural.

Causas -> o número sorteado na loteria.

Efeito -> O número sorteado na loteria coincide com o igual número do seu bilhete de loteria.

O número sorteado na loteria não é um fenômeno sobrenatural, pois cada bola de número que é extraída do globo de sorteio da loteria obedece rigorosamente às leis da mecânica e da cinemática da Física, ser não for assim, o sorteio da loteria seria ilegal, porque seria viciado.

Porém, o número sorteado é indeterminado à priori, mas pode ser aceito e explicado à posteriori, porque os fatos regem as causas, e neste caso, as causas não determinam aprioristicamente e univocamente os resultados do sorteio da loteria, de modo claro e perceptível, previsível, e preciso, como requer a lei Física, mesmo sem violar todas as leis da cinética e da mecânica Físicas, não se pode prever com precisão e com exatidão os números sorteados, nem quando um paciente vai ter alta, ouse vai ter alta médica do tratamento hospitalar ou clínico.

Assim, segundo Karl Popper, a ciência progride por meio de contradições epistemológicas que vão ultrapassando as pretéritas, sempre partindo dos resultados de trás para diante, sucessos e fracassos empíricos, buscando a causa primeira que melhor contenha a relação explicativa racional, na cadeia de cada evento ou fato terminal, constituindo e construindo uma sucessão de eventos supostamente, hipoteticamente,

concatenados.

Assim, constroem-se os contextos epistemológicos e ontológicos:

a) Contextos de observação;

b) Contextos de experimentação;

c) Contextos de justificação;

d) Contextos de descoberta;

e) Contextos de discussão;

f) Contextos de explicação;

g) Contextos de verificação;

h) Contextos de causalidade;

Assim, de contexto em contexto, o método empírico exige o teste prático, ou, a demonstração teorética dentro de um contexto de axiomas e corolários de onde se descartam as contradições através da depuração e da eliminação dialética dos choque dos contrários.

A causa finalística é o tipo de perspectiva antropocêntrica muito influenciada pelo método indutivista, aquele que é baseado na crença e expectativas de se encontrar uma lei traduzida da descoberta de uma regularidade segura na natureza. A natureza deixa as pistas e o recado muito discreto de sua natureza intrinsecamente quântica, descontínua, muito mais do que probabilística e previsível.

Tudo aponta sutilmente no universo para a quebra da continuidade, e esta perspectiva é completamente antihumana, ilógica e irracional para a concepção antropomórfica e linear do universo.

SQN. O caso da empresa de aviação boliviana LAMIA Não foi um acidente.

Era tudo o que deveria acontecer com qualquer aeronave.

Aeronaves não foram feitas para o vôo.

Tudo no avião conspira para que este esteja firmemente pregado no solo, de onde deveria sempre estar. E não é por causa da lei da inércia, apenas.

Quando uma aeronave decola espera-se com certeza que em algum lugar em algum momento ela vai retornar ao lugar de onde sempre deve estar que é o solo.

Firme e seguramente estacionada no solo. Conspiram para que o avião não voe:

a) o seu peso, a gravidade o atrai sempre de volta ao solo;

b) a velocidade sempre na horizontal se perder velocidade abaixo de certo limiar que garante a sustentação o avião entra em stol e volta para baixo;

c) as curvas reduzem a velocidade de sustentação do aparelho aéreo, então quando faz uma curva perde velocidade e altitude de vôo;

d) os ventos conspiram para a queda e para o desequilíbrio do vôo;

e) o combustível vai acabar em algum instante, se for depois do pouso, melhor;

f) os seus sistemas elétricos e hidráulicos foram feitos para não falharem principalmente durante o vôo, porque podem provocar a queda do aparelho;

g) a perícia da tripulação evidentemente pode por em risco o sucesso do vôo;

h) o tráfego aéreo competindo pelas aerovias e vetores de vôo são um perigo controlado pela torre de controle das centenas de milhares de aeronaves voando naquele instante nos céus do mundo todo, aumentando o risco de acidentes;

i) a manutenção da aeronave envolve rotinas e centenas de milhares de detalhes que precisam estar coordenados precisamente;

j) Os quatrocentos mostradores dos painéis do piloto e copiloto mostram as quatrocentas possibilidades de falhas que podem por em risco o sucesso do vôo.

Enfim, tudo ali conspira para a queda do avião é só uma questão de tempo, e ele volta

para baixo, ou de modo
esperado ou sem ser
desejado.

Uma nova abordagem do paradoxo do não-movimento de Zenão

Segundo Boyer "a Dicotomia e o Aquiles argumentam que o movimento é impossível sob a hipótese de subdivisibilidade indefinida do espaço e do tempo".

Então, de acordo com estes princípios, precisamos de uma nova teoria para o tempo.

Esta nova teoria do espaço tempo implicará em descrever um novo conceito de movimento, que nada mais é que a relação entre o espaço e o tempo referente às coordenadas espaciais. (referenciais)

Zenão mostrou que se os conceitos de contínuo e infinito divisão forem aplicados ao movimento de um corpo, então este se torna impossível.

A divisão de números não é sinônimo de divisão de uma grandeza.

O paradoxo da *Seta* reflete a impossibilidade de movimento se o espaço e o tempo forem compostos de partes indivisíveis.

Zenão mostra que o movimento da seta é uma ilusão, pois ela está sempre parada.

A dialética troca o conceito do nada se move para o constructo do tudo se move. Esta seria uma inversão radical no corolário de Zenão. Tudo se move no universo, das partículas atômicas aos grandes sistemas galácticos.

No *Estádio*, ele mostra que o intervalo de tempo que se considera não pode ser mínimo. Segundo Boyer "a Flecha [Seta] e o Estádio, de outro lado, argumentam que também é

impossível, sob a hipótese contrária —
de que a subdivisibilidade do tempo e
do espaço termina em indivisíveis".

Como pretendo demonstrar, o tempo
não somente pára como também
retrocede.

Caso isso não fosse possível a luz não
seria o limite do horizonte para o
referencial humano do tempo: a
perspectiva de ação e de causalidade
cognoscíveis para o ser humano
limita-se aos eventos que caem no
âmbito da mecânica quântica, isto é,
sob o domínio do limite imposto para
os fenômenos limitados pela
velocidade da luz.

Zenão apresentou paradoxos que mostravam as contradições existentes em considerar grandezas divisíveis infinitamente e em considerar grandezas indivisíveis.

Vamos transcender ao problema da divisibilidade, que é um problema da teoria dos números, preferiremos trabalharmos no conceito de grandezas, ilimitado.

Para Struik "os argumentos de Zenão começaram a preocupar ainda mais os matemáticos, depois de terem sido descobertos os números irracionais".

Nas últimas décadas do século V A.C., os pitagóricos, discípulos de Pitágoras de Samos (580-500 A.C.), descobriram que não conseguiam estabelecer uma razão entre o lado e a diagonal de um quadrado através de números racionais, os conhecidos até então.

Existem muitos outros exemplos de segmentos de reta ou curvas cujas medidas escapavam à Matemática grega.

Tais medidas dos segmentos eram então consideradas grandezas e não números, sendo chamadas de incomensuráveis.

Esta confusão entre números e grandezas foi desfeita pelos avanços da Matemática.

O mais antigo texto sobre a história da Matemática, que conseguiu resistir intacto até aos nossos dias, é a obra *De architectura* de Marcus Vitruvius Pollio (90-20 A.C.), onde se afirma que Pitágoras descobriu os irracionais através de segmentos de reta incomensuráveis.

No entanto, muitos historiadores atuais consideram que não terá sido ele próprio, mas os pitagóricos.

Os Diálogos de Platão (429-348 A.C.) mostram como os matemáticos da época ficaram profundamente perturbados com esta descoberta.

Os que revelassem este paradoxo da Geometria eram condenados à morte!

A escola platônica, para contornar os *infinitesimais*, usou um método indireto, muito rigoroso, nas demonstrações de cálculos de áreas e volumes, que envolvia somente o uso da lógica formal, o *método da exaustão* (assim intitulado por Grégoire de Saint-Vicent (1584-1667), em 1647). (era uma espécie de integral – cálculo diferencial primitivo)

É, no entanto, de salientar que para se poder aplicar este método, era necessário conhecer o resultado previamente.

O infinito ficou assim eliminado da Matemática grega.

Os problemas matemáticos que mais lhe interessavam eram os que exigiam um tratamento infinitesimal.

Já desde os egípcios que se sabia que o volume de uma pirâmide se determina pelo produto de um terço do valor da área da base pelo valor da sua altura, mas Arquimedes (287-212 A.C.) chegou a escrever que esse resultado era de Demócrito, acrescentando, no entanto, que não tinha sido provado convenientemente por ele.

Pois bem, se Demócrito acrescentou algo ao conhecimento egípcio só pode ter sido pela sua aplicação de técnicas infinitesimais.

Para poder desenvolver silogismos novos, Arquimedes de Siracusa, conselheiro do rei Hierão, adotou outro método, considerado pouco rigoroso, mas muito *produtivo*.

Utilizou o *método da exaustão* para determinar um valor aproximado da área de um círculo.

O *método da exaustão*, (proporção, ou razão entre duas grandezas, não necessariamente representadas por valores numéricos) inventado por Eudoxo de Cnido (408-355 A.C.), muito usado por Arquimedes, permite encontrar aproximações sucessivas de uma área por comparação com áreas conhecidas. Trata-se de um processo fundamental no cálculo.

É necessário salientar, no entanto, que, no tempo de Arquimedes, não se consideravam somas infinitas de parcelas, mas apesar de os gregos não assumirem o infinito, este foi um dos métodos que mais contribuiu para o desenvolvimento de conceitos como o de limite.

A teoria das proporções de Eudoxo permitiu resolver completamente o problema das grandezas incomensuráveis. Eudoxo evitou desta forma o problema dos irracionais e do infinito. Ele definiu a igualdade entre duas quaisquer razões.

Pretendo estabelecer uma diferente abordagem para o paradoxo do movimento baseada no conceito de energia ondulatória.

Em Física, uma **onda** é uma perturbação oscilante de alguma grandeza física no espaço e periódica no tempo.

A oscilação espacial é caracterizada pelo comprimento de onda e o tempo decorrido para uma oscilação é medido pelo período da onda, que é o inverso da sua frequência.

Estas duas grandezas estão relacionadas pela velocidade de propagação da onda.

Fisicamente, uma onda é um pulso energético que se propaga através do espaço ou através de um meio (líquido, sólido ou gasoso).

Segundo alguns estudiosos e até agora observado, nada impede que uma onda magnética se propague no vácuo ou através da matéria, como é o caso das ondas eletromagnéticas no vácuo ou dos neutrinos através da matéria, onde as partículas do meio oscilam à volta de um ponto médio mas não se deslocam.

Exceto pela radiação eletromagnética, e provavelmente as ondas gravitacionais, que podem se propagar através do vácuo, as ondas existem em um meio cuja deformação é capaz de produzir forças de restauração através das quais elas viajam e podem transferir energia de um lugar para outro sem que qualquer das partículas do meio seja deslocada; isto é, a onda não transporta matéria.

Há, entretanto, oscilações sempre associadas ao meio de propagação.

Uma onda pode ser longitudinal quando a oscilação ocorre na direcção da propagação, ou transversal quando a oscilação ocorre na direcção perpendicular à direcção de

propagação da onda.

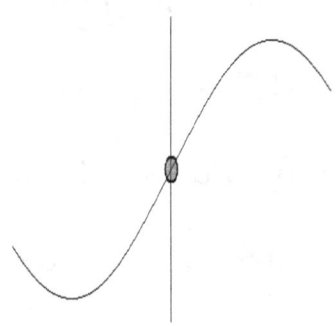

Descrição física de uma onda

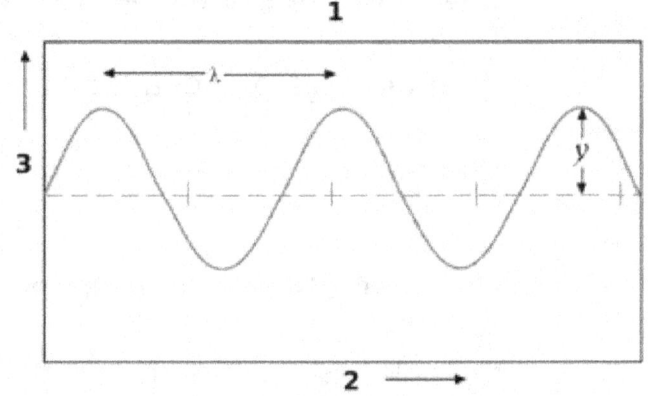

1 = Elementos de uma onda
2 = Distância
3 = Deslocamento
λ = Comprimento de onda
γ = Amplitude

Ondas podem ser descritas usando

de variáveis: frequência,

comprimento de onda, amplitude e período.

A amplitude de uma onda é a medida da magnitude de um distúrbio em um meio durante um ciclo de onda.

Por exemplo, ondas em uma corda têm sua amplitude expressada como uma distância (metros), ondas de som como pressão (pascals) e ondas eletromagnéticas como a amplitude de um campo elétrico (volts por metro).

A amplitude pode ser constante (neste caso a onda é uma *onda contínua*), ou pode variar com tempo e/ou posição. A forma desta variação é o envelope da onda.

O período é o tempo(T) de um ciclo completo de uma oscilação de uma onda. A frequência (F) é período dividido por uma unidade de tempo (exemplo: um segundo), e é expressa em hertz. Veja abaixo:

$$f = \frac{1}{T}.$$

Quando ondas são expressas matematicamente, a frequência angular (ômega; radianos por segundo) é constantemente usada, relacionada com frequência f em:

$$f = \frac{\omega}{2\pi}$$

A equação universal da onda

A forma mais simples desta equação é:

$$v = \lambda . f$$

Em que:

- v: Velocidade da onda

- λ: Comprimento de onda

- f: Frequência de onda

$$Y = A.sen[2.\pi(t/T - x/\lambda) + \varphi]$$

Quero dizer que não somente a onda pode se propagar no espaço ou em meio físico sem que o objeto que oscila se propague, como também objetos oscilantes podem se propagar juntamente com a onda, ou, mais ainda, o meio físico no qual viaja a onda pode também se propagar.

O que isto tem a ver com o paradoxo de Zenão-Eudoxo para o movimento?

É o que pretendo demonstrar nesta tese. A derrocada do paradoxo de Zenão de que a flecha não se pode mover.

Não me utilizarei dos pressupostos de Zenão e Eudoxo, por que encerram em si mesmos os argumentos teleológicos do paradoxo sem-saída.

Terei que refutá-los pela via lógica, e, através da demonstração, refutar, então, os pressupostos de Zenão e

Eudoxo, dos infinitésimos indivisíveis.

Para começar, vamos procurar a concordâncias para depois tomar as variações possíveis onde encontraremos as brechas para furar o paradoxo.

Todo movimento ondulatório, vale dizer, todo movimento oscilatório caracteriza-se pela repetição da trajetória do objeto oscilante ad infinitum caso nenhuma outra perturbação se manifeste.

Nosso primeiro corolário sobre o movimento oscilante está desta forma estabelecido:

1) No movimento oscilatório MHS (Movimento harmônico Simples, pendular) a trajetória se caracteriza pela coincidência dos pontos inicial e final do movimento: ambos começam e terminam no mesmo ponto, tomado em relação a um referencial estático.

2) Pela definição de trabalho realizado diz-se que: o deslocamento é a diferença entre a referência (distância) final e a inicial.

3) No movimento oscilatório não há trabalho sendo realizado, posto que o deslocamento de um ciclo completo, e de seus múltiplos, é zero.

Já poderíamos conjecturar, a partir deste corolário, que não há deslocamento no MHS para um ciclo fechado. Portando não há movimento. Vamos adiante.

Raciocinemos com os infinitésimos. Suponhamos que reduzíssemos a amplitude da oscilação até um infinitésimo não igual a zero. Ainda assim podemos afirmar a existência do MHS.

Avançando na nossa conjectura, suponhamos que pudéssemos acelerar a frequência desta oscilação até o limite possível.

A equação de Schrödinger nos indica que ingressamos nos limites da física relativística, a qual, segundo Einstein, tal objeto se transformaria em energia pura.

Seria apenas uma onda oscilante sem o objeto oscilante.

É o salto quântico.

O objeto transmuta-se de matéria em energia.

Seria esta a solução para o paradoxo de Zenão Eudoxo?

Um objeto para deslocar-se precisaria estar oscilando, segundo este corolário proposto. E é exatamente isto que pretendo provar:

Hipótese:

Um objeto só se pode mover em ondas.

Todo objeto em movimento o faz em suporte de uma função ondulatória.

Corolários:

1) Objetos que se movem à velocidade da luz oscilam transversalmente.

2) Objetos mais lentos do que a velocidade da luz oscilam longitudinalmente.

É o que se pretende demonstrar.

Toda matéria é vibrante, ao menos ao nível atômico.

Este fato inverte a premissa da inamovibilidade de Zenão; tudo se move, nada está parado.

Qual era o problema real de Zenão?

Vamos construir uma nova explicação do movimento.

Corolários:

1) Corpos e objetos dotados de massa deslocam-se através de oscilações longitudinais;

2) Ondas eletromagnéticas deslocam-se através de ondas transversais.

Vamos introduzir o conceito de rigidez para descrevermos o movimento segundo a minha tese da onda portadora.

A **lei de Hooke** é a lei da física relacionada à elasticidade de corpos, que serve para calcular a deformação causada pela força exercida sobre um corpo, tal que a força é igual ao deslocamento da massa a partir do seu ponto de equilíbrio vezes a característica constante da mola ou do corpo que sofrerá deformação:

$$F = k.\Delta l$$

No S.I. , F em newtons, k em newton/metro e Δl em metros.

Nota-se que a força produzida pela mola é diretamente proporcional ao seu deslocamento do estado inicial (equilíbrio).

O equilíbrio na mola ocorre quando ela está em seu estado natural, ou seja, sem estar comprimida ou esticada.

Após comprimi-la ou estica-la, a mola sempre faz uma força contrária ao movimento, calculada pela expressão acima.

A Lei de Hooke

Existe uma grande variedade de forças de interação, e que a caracterização de tais forças é, via de regra, um trabalho de caráter puramente experimental.

Entre as forças de interação que figuram mais freqüentemente nos processos que se desenvolvem ao nosso redor figuram as chamadas forças elásticas, isto é, forças que são exercidas por sistemas elásticos quando sofrem deformações.

Por este motivo é interessante que se tenha uma idéia do comportamento mecânico dos sistemas elásticos.

Não conhecemos corpos perfeitamente rígidos, uma vez que todos os experimentados até hoje sofrem deformações mais ou menos apreciáveis quando submetidos à ação de forças, entendendo-se por deformação de um corpo uma alteração na forma, ou nas dimensões, ou na forma e, dimensões, do corpo considerado.

Essas deformações, que podem ser de vários tipos - compressões, distensões, flexões, torções, etc - podem ser elásticas ou plásticas.

- Deformação plástica: persiste mesmo após a retirada das forças que a originaram.

- Deformação elástica: quando desaparece com a retirada das forças que a originaram.

Em 1660 o físico inglês R. Hooke (1635-1703), observando o comportamento mecânico de uma mola, descobriu que as deformações elásticas obedecem a uma lei muito simples.

Hooke descobriu que quanto maior fosse o peso de um corpo suspenso a uma das extremidades de uma mola (cuja outra extremidade era presa a um suporte fixo) maior era a deformação (no caso: aumento de comprimento) sofrida pela mola.

Analisando outros sistemas elásticos, Hooke verificou que existia sempre proporcionalidade entre força deformantes e deformação elástica produzida.

Pôde então enunciar o resultado das suas observações sob forma de uma lei geral.

Tal lei, que é conhecida atualmente como lei de Hooke, e que foi publicada por Hooke em 1676, é a seguinte: "As forças deformantes são proporcionais às deformações elásticas produzidas."

Estando uma mola no seu estado relaxado e sendo uma extremidade mantida fixa, aplicamos uma força(F) à sua extremidade livre, observando certa deformação.

Ao observar esse fato, Hooke estabeleceu uma lei, a Lei de Hooke, relacionando Força Elástica(Fel), reação da força aplicada, e deformação da mola (Δl):

A intensidade da Força elástica (Fel) é diretamente proporcional à deformação (Δl).

Matematicamente, temos: $Fel = k.\Delta l$; ou vetorialmente: $Fel = -k. \Delta l$, onde k é uma constante positiva denominada Constante Elástica da mola, com unidade no S.I. de N/m.

A Constante Elástica da mola traduz a rigidez da mola, ou seja, representa uma medida de sua dureza.

Quanto maior for a Constante Elástica da mola, maior será sua dureza.

É importante ressaltar que o sinal negativo observado na expressão vetorial da Lei de Hooke, significa que o vetor Força Elástica (Fel), possui sentido oposto ao vetor deformação (vetor força aplicada), isto é, possui sentido oposto à deformação, sendo a força elástica considerada uma força restauradora.

Sendo W a Força aplicada, tem-se:

$$W = - Fel$$

$$Fel = - k.\Delta l$$

$$W = k.\Delta l$$

A lei de Hooke pode ser utilizada desde que o limite elástico do material não seja excedido.

O comportamento elástico dos materiais segue o regime elástico na lei de Hooke apenas até um determinado valor de força, após este valor, a relação de proporcionalidade deixa de ser definida (embora o corpo volte ao seu comprimento inicial após remoção da respectiva força).

Se essa força continuar a aumentar, o corpo perde a sua elasticidade e a deformação passa a ser permanente (inelástico), chegando à ruptura do material.

O instrumento que usa a lei de Hooke para medir forças é o dinamômetro.

A Lei de Hooke Aplicada a Materiais

A Lei de Hooke também é percebida após a realização do ensaio de tração e deste é obtido o gráfico de Tensão x Extensão.

O comportamento linear mostrado no início do gráfico está nos afirmando que a Tensão é proporcional à Extensão.

Logo, existe uma constante de proporcionabilidade entre essas duas grandezas. Sendo,

$$\sigma = E.\varepsilon$$

onde:

σ = Tensão em Pascal

ε = Deformação específica, (adimensional)

E = Módulo de elasticidade ou Módulo de Young

Somente os objetos que possuem deformação elástica podem mover-se.

Esta tese é a base para a explicação do movimento.

Um corpo deformável de forma inelástica somente pode mover-se como um objeto rígido e em uma trajetória com direção e sentidos definidos se estiver em um receptáculo que confira a ele as características de uma deformação elástica.

Caso contrário o corpo de dispersa em muitas direções e sentidos.

Ensaios:

1) Pegue um taco de golf e tente arremessar bolas de materiais diferentes com tacadas;

2) Suponha que a primeira bola de golf seja feita de material rígido como marfim;

3) Suponha que a segunda bola de golf seja feita de água;

4) Suponha que a terceira bola seja feita de isopor;

Agora tomemos a comparação das trajetórias das três diferentes bolas de golf:

a) A primeira bola de golf feita de marfim conseguiu absorver praticamente toda a energia do impulso do taco de golf e seguiu uma trajetória bem definida e alcançou a maior distância e altura parabólica;

b) A segunda bola imaginária de água simplesmente dissipou-se abrindo-se em leque e as gotas de água espalharam-se nas proximidades do local da tacada, dissipando a energia do impulso do taco;

c) A terceira bola imaginária de isopor partiu-se em fragmentos e cada fragmento percorreu uma distância bem menor do que a da primeira bola, mesmo que aplicássemos mais impulso do que o aplicado à primeira bola.

Muitos poderiam criticar da total falta de controle das variáveis neste experimento.

Concordo.

Mas, não foi preciso abstrair tantas variáveis, sabemos desta experiência sem conhecimento de Física, somente não sabíamos por que corpos rígidos e inelásticos são os melhores corpos balísticos, vamos descrever por quê.

Os corpos rígidos e elásticos são os melhores balísticos porque quando recebem um impulso vibram internamente, a sua estrutura molecular transfere para a secção seguinte de moléculas, a partir do ponto do objeto que recebeu o impulso, a energia, de modo que transfere a energia em forma de onda, esta energia percorre todo o corpo até a extremidade oposta e reflete-se de volta como uma onda ao ponto inicial do toque.

Quando a energia percorre todo o material ele se deforma variando o seu comprimento no sentido longitudinal ao deslocamento:

a) O ponto mais à retaguarda se contrai, assim o objeto diminui o seu cumprimento no sentido longitudinal;

b) A onda de deformação segue pela estrutura molecular do objeto e a secção seguinte da estrutura molecular se comprime, e a imediatamente anterior percorrida pela onda começa a se distender, como uma mola;

c) Quando a deformidade atinge a proa do objeto esta se distende antes da onda se refletir e retornar no sentido oposto;

d) Esta deformação da vanguarda do objeto é o deslocamento final do corpo que somados aos outros deslocamentos moleculares produz o movimento.

e) Assim, comprimindo e distendendo toda a cadeia molecular, o objeto todo se desloca como faz uma cobra em movimento.

Uma flecha lançada de um arco vibra longitudinalmente e também transversalmente em vôo.

A propósito, a flecha de Zenão, por coincidência, é dos objetos que caracteristicamente vibram em ambos os sentidos: longitudinalmente e transversalmente com grande amplitude.

Compreendendo a forma como os objetos se movem fica mais fácil entender e decifrar o enigma de Zenão.

Os objetos movem-se variando o seu comprimento, vibrando, assim avançando no espaço e no tempo

através da portadora de onda.

CQD.

Campo gravitacional: existe?

Campo gravitacional: existe?

I – Campo

Campo Elétrico versus Campo

Gravitacional

Ia – Hipótese

"O campo gravitacional é a sinestesia do Campo Elétrico".

Ia1 – Consequências:

Corolário – 1

O campo elétrico é cerca de 1041 vezes maior do que o campo gravitacional em medida de potencial de força atrativa;

Corolário – 2

O campo gravitacional não existe

Corolário – 3

O campo gravitacional é um dos efeitos secundários da atração-repulsão combinada e simultânea das cargas elétricas dos átomos e das partículas atômicas e subatômicas.

II – Introdução

IIb – Revisão da Bibliografia

IIb1 – Toda matéria contém carga elétrica primariamente representadas por:

a) Elétron possui carga negativa;
b) Prótons possuem carga negativa;

IIb2 – Toda matéria contém carga elétrica secundariamente representada por:

a) Neutrons possuem cargas positiva e negativa em equilíbrio eletrostático;

b) Próton possui cargas negativa e positiva em desequilíbrio eletrostático positivo;

c) Pósitron possui carga positiva.

IIb2 – Toda matéria química molecular interage através da sua camada eletrônica de elétrons livres. A camada de valência.

É do balanço elétrico (das suas cargas elétricas internas) que se formam as substâncias químicas moleculares simples e compostas das quais o núcleo dos átomos participa secundariamente.

Quando o núcleo interage nestas reações é perceptível a presença de dois resultados-efeitos:

a) Liberação de radiação;

b) Energia atômica liberada em quantidades macissas.

IIb3 – Regra do Octeto

É uma misteriosa regra da Química Geral que afirma e garante que:

a) As moléculas tendem a um arranjo de átomos que forme no estado mais estável da matéria, quimicamente e termodinamicamente, na última camada de valência uma configuração com exatamente 8 elétrons.

b) Os átomos se dividem em três grupos quanto aos 8 elétrons da última camada molecular:

b1 – menos de 4 elétrons seriam classificados como metais;

b2 – mais de 4 elétrons seriam classificados como não-metais;

b3 – exatamente 4 elétrons seriam semimetais.

As conseqüências da regra do octeto são as mais importantes para a Físico-Química.

Pela Regra do Octeto os átomos que possuem menos de 4 elétrons em sua camada de valência tendem a expulsá-los de suas órbitas (naturalmente).

a) Estes elétrons órfãos são capturados por átomos vizinhos captadores destes elétrons livres;

b) Estes elétrons órfãos formam uma nuvem de elétrons livres.

Pela regra do octeto, os átomos que possuem mais de 4 elétrons em sua camada de valência tendem a capturar elétrons vagantes ou elétrons ejetados por átomos vizinhos.

Consequências da regra do octeto:

a) Este movimento de elétrons forma os íons;

b) Os íons formados fazem as reações químicas;

c) Os íons são responsáveis pela existência e formação das substâncias químicas compostas;

d) Íons de cargas elétricas opostas se atraem;

e) Íons de cargas elétricas semelhantes se repelem;

f) Íons de cargas elétricas desbalanceadas eletricamente se atraem.

IIb4 – Movimento de cargas

Como os elétrons são livres para circularem entre os núcleos dos átomos eles são os principais responsáveis pela atividade química não-nuclear das substâncias e dos elementos químicos.

IIb5 – Núcleo estável

Os prótons e os nêutrons têm um papel passivo nas rações não-nucleares.

IIb6 – Carga elétrica da Terra

A Terra (planeta) possui carga elétrica ligeiramente positiva, sendo protônica, daí o efeito aterramento, atraindo os elétrons livres das nuvens carregadas e dos objetos elétricos carregados negativamente. (raios, trovões, objetos, íons, corpos celestes).

IIb7 – Elétrons

Os elétrons possuem o papel mais importante nas reações químicas, principalmente.

IIb8 – carga Protônica

Os objetos grandes sólidos são protônicos, com a Terra, gerando duas considerações:

a) Os elétrons livres da superfície da Terra escapam da atração elétrica da Terra;

b) Os elétrons internos da Terra ficam aprisionados entre os núcleos dos átomos internos da Terra.

IIb9 – Mobilidade e prisão de elétrons

Esta mobilidade dos elétrons na matéria, Terra mais especificamente, geraria dois grandes efeitos importantes:

a) Atração:

a1) Entre a carga protônica da Terra e os elétrons aprisionados dos objetos próximos da Terra:

a2) Entre as carga protônica dos objetos e os elétrons aprisionados na Terra.

b) Repulsão:

b1) Entre as cargas protônicas dos objetos;

b2) Entre os elétrons aprisionados da Terra e dos objetos próximos.

As conseqüências entre [9a] e [9b] seriam:

a) A Força elétrica entre cargas é:

$$Fe = k \, Qq/d2$$

Onde, para k = 9 x 109

E : Q = q = $1,602 \times 10^{-19}$

Fe = $2,56 \times 10^{-28}$ Newtons

b) A Força gravitacional entre massas é:

Fg = G MT.m/d2

Onde, para MT = massa da Terra e m = massa do objeto próximo à Terra

G = $6,67 \times 10^{-11}$

Fg = $10,67 \times 10^{-70}$ para a massa m = massa de um elétron = $9,109 \times 10^{-31}$

MT = massa da Terra 1032 Newtons

No balanço das forças, desprezando-se a distância entre massas e cargas, por estarem muito próximas, e a mesma distância tanto para cargas elétricas como, considerando-se a interação gravitacional, para efeito de cálculo das Fe e de Fg:

a) $Fe = 1010 \times [1,6 \times 10\text{-}19]2 = 2,56 \times 10\text{-}28$

b) $Fg = 6.67 \times 10\text{-}11 \times [1032 \times 1,6 \times 10\text{-}27] = 10,67 \times 10\text{-}70$

As interações elétricas da ordem de [2,56 x 10-28] e as interações devido à gravidade é de

[10,67 x 10-70] , ou seja, 10-41 vezes maior entre as duas!

III – Conclusões

1 – A força gravitacional é

desprezível frente à força elétrica

entre as cargas;

2 – A força elétrica é hegemônica no

universo.

Hipótese:

MT = massa da Terra total de todos

os prótons + elétrons + prótons

a) Considerando o número de prótons

= número de nêutrons = número de

elétrons

b) $MT = 5,4 \times 1024$ Kg

Logo $Fe = Fg = 5,4 \times 1024$ Kg, esta é

a hipótese

Desenvolvimento:

Campo eletromagnético

Todo campo elétrico oscilante produz efeito magnético, como, por exemplo, um movimento de íons ou de cargas elétricas;

- A Terra e o Sol se movem, ambos são íons protônicos envoltos em nuvens eletrônicas;

- Campos eletromagnéticos oscilantes produzem ondas eletromagnéticas de freqüência modulada de diversos valores;

- Ondas eletromagnéticas induzem correntes elétricas em condutores metálicos;

O Sol e a Terra produzem campos elétricos oscilantes pois se movem em:

a) Rotação;

b) Translação;

c) Afastamento, aproximação;

d) Aceleração radial e linear

Com isso, as oscilações elétricas e magnéticas são em: intensidade, velocidade, direção, sentido, magnitude e quantidade.

Sabemos que campos elétricos induzidos geram forças contrárias e opostas em sentido, de Lenz, a força contra-eletromotriz .

Este combinado cria um acoplamento eletromagnético que se realimentam mutuamente.

Cálculos empregados para a demonstração da hipótese: e as aproximações de magnitudes.

Massas:

MP = Massa do próton / neutron 1,6726 x 10-27Kg

Me = Massa do elétron 9,109 x 10-31 Kg

Cargas elétricas P+ /e- 1,602 x 10-19 Coulombs

1 Coulombs = 6,25 x 1018 elétrons

K = 9,09 x 109

G = 6.67.x.10-11

Fg = G MT m/ d2

Fe = K Qq / d2

Massa da Terra = 5,4 x 1024 N

Hipótese:

Qual a força elétrica exercida pela

Terra FeT

Entre os pares Prótons / Elétrons da

Terra

Qp = Carga elétrica de um próton

Qe = Carga elétrica de um elétron

Número de pares prótons/elétrons da

Terra

T =2,12 x1052

Logo:

Força elétrica da Terra é

9,09 x 109 x [1,6,x 10-'9] x 2,12 x

1052 = 5,4 x 1024

Cálculo no número de partículas elétricas da Terra

1) Massa do elétron Me-

$9,109 \times 10^{-31}$ kg

2) Massa do próton Mp+

$1,6 \times 10^{-27}$ Kg

3) Massa do neutron Mn0

$1,6 \times 10^{-27}$ Kg

Número de prótons = número de elétrons

Massa da Terra = Me- + Mp+ + Mn0

Massa total das partículas Mtp

Mp+ / Me- = $1,67 \times 10^{-27}$ Kg / $9,109 \times 10^{-31}$ kg = $1,67 \times 10^{3}$

MTP = [2 x 1,67 x 103] +1 = 3,341 x

Me-

Dividindo a massa da Terra por Me-

5,4 x 1024 Kg / 9,109 x 10-31 Kg =

0,636 x 1055 partículas

Número de partículas

0,636 x 1055 / 3,341 = 2,12 x 1052

LEI DA EVOLUÇÃO DAS LEIS DO

UNIVERSO

LEI DA EVOLUÇÃO DAS LEIS DO UNIVERSO

ABSTRACT: This work is the result of the experiences in lessons of MC in UNEB DF and deals with the epistemology quarrel on the meanings to: research, of science and the theory in science.

RESUMO: Este trabalho é o resultado das experiências em aulas de MC na UNEB DF e trata da discussão epistemológica sobre os significados da: pesquisa, da ciência e da teoria na ciência.

0 – Introdução

Este trabalho é sobre o significado da teoria para a ciência contemporânea. O objetivo deste trabalho é examinar se as leis de gravitação universal existiram desde o início do universo, ou, usando a lógica dedutiva, examinar se as leis do universo hoje são as mesmas do universo num tempo anterior, durante a sua criação, já que o universo está em mutação permanentemente, os elementos químicos eram elementares e simples no início do universo, quando havia muito mais energia do que matéria e a densidade do universo eram muito mais concentradas HAWKINS (2001: p.22-3.

O primeiro cientista a investigar as origens do universo, o sacerdote católico Georges Lemaître, calculou que há cerca de 15 bilhões de anos o universo todo se concentrava num átomo primordial, cuja densidade deveria ser de pelo menos 2 toneladas por centímetro cúbico e a temperatura seria de 10 bilhões de graus.

Medidas modernas sobre este estado primordial indicam uma densidade de um trilhão de trilhões de trilhões de trilhões de trilhões de trilhões de toneladas por centímetro cúbico.), então essa questão pode ser reformulada para: se o universo está em contínuo, constante e permanente estado de mudança, ou de evolução, então novas leis são criadas e velhas leis tendem a tornarem-se superadas, degeneradas, derivadas ou abandonadas pelo desuso. A hipótese desse trabalho é:

LEI DA EVOLUÇÃO DAS LEIS: NO COMEÇO DAS ESPÉCIES E DO UNIVERSO VIGIAM OUTRAS LEIS DA FÍSICA, DA QUÍMICA E DA GENÉTICA, HOJE EXISTEM NOVAS LEIS DIFERENTES DAQUELAS PORQUE AS CONDIÇÕES DO UNIVERSO

MUDARAM COMO MUDARAM AS ESPÉCIES. AS LEIS EVOLUEM ASSIM COMO O UNIVERSO E AS ESPÉCIES. SE AS LEIS EVOLUEM TAMBÉM O FAZEM AS TEORIAS PARA ACOMPANHAREM A EVOLUÇÃO DO UNIVERSO.

A justificativa para esta hipótese baseia-se nas seguintes subhipóteses sobre a lei da evolução das leis:

a) Todo sistema complexo tende a organizar-se segundo uma lógica inteligente e flexível;

b) Lógica inteligente é a capacidade de contornar os obstáculos criando uma nova alternativa;

c) A natureza desconhece as leis reconhecidas pelos cientistas porque o universo não é estático, está sempre em transformação;

d) As leis do universo estão em constante transformação para adaptarem-se às novas circunstâncias, procurando alternativas para as novas mudanças evolutivas no ambiente do universo;

e) Não existem leis permanentes na natureza;

f) Não existem leis no universo no sentido normativo, as leis são abstrações fenomenológicas num contexto de justificação antropocêntrico exigidas pela ditadura da teoria para conduzir ao salto epistemológico;

g) Leis e teorias são apenas maneiras de descrever um estado transitório do universo;

h) O universo possui inteligência, portanto as suas leis evoluem de acordo com as mudanças das circunstâncias no universo;

i) Leis são aproximações cognitivas de um aspecto ou de uma instância de um determinado estado transitório do universo em seu processo de mudanças permanentes;

j) Todo o universo tem inteligência por isso ele pode mudar as suas leis a qualquer tempo.

A lei de mudança das leis no universo é regida pelo princípio de buscar um caminho alternativo para contornar os obstáculos no processo de conservação da energia total do universo através do processo/meio mais econômico de conservação.

HAWKINS (2001: p.83. Richard Feynman propôs que as partículas se deslocassem de um local para outro ao longo de todas as trajetórias possíveis. A soma de todas as trajetórias se anula exceto uma que é aquela determinada pelas leis de Newton. GALILEO (1909)).

O universo é um sistema complexo e inteligente. A perspectiva de uma inteligência por trás do universo, construindo-o e organizando-o não passa de uma visão antropocêntrica de que a inteligência é um atributo humanóide imaterial o que contradita esta hipótese.

Galileu estava convencido da racionalidade da realidade; sua posição é lúcida: criado por um ser infinito, o mundo foi feito na escala de sua razão, não na da razão humana, que o compreende apenas nos limites de suas capacidades, ou seja, por aquilo que ela tem em comum com a razão divina.

GALILEO (1909).

1 – Revisão da Bibliografia

1.1 - O Debate Moderno Sobre o Pensamento Científico

A partir do Iluminismo o debate científico retomou o pensamento filosófico que submergiu durante a Idade Média. Tomando como modelo as escolas gregas do século IV a.C. para, a partir do séc. XVIII, iniciar ou retomar a crítica como escalada em direção à busca da verdade científica surge o pensamento positivista que teve em Augusto Comte o finalizador da escola iniciada no período anterior, o Iluminismo.

A partir da régua, da balança e da contagem, com a ajuda dos instrumentos científicos e utilizando a experiência como teste de verificação, surgia a verificabilidade chamada de empirismo, definindo e fechando o círculo da ciência experimental, ou ciência instrumental.

Tudo que fosse definido deveria ser testado e verificado experimentalmente, para isso os métodos de conduzir as experiências seriam os métodos: indutivo, essencialmente a estatística, o método dedutivo, ou o método teórico estruturalista, e a sua variante moderna o método hipotético-dedutivo poperiano baseado na refutabilidade, ou o kantianismo.

É nessa fase que a teoria adquire o status de dogma, tudo tem que ser reportado à teoria, recorre-se a ela para explicar, definir e entender os fenômenos, construir as previsões e confirmar os resultados das experiências e observações. Entrou na epistemologia a ditadura da teoria.

BACON (2001: apud CHRÉTIEN. p.108) dissera que seria um enorme erro a busca da regularidade na natureza, a base sobre as quais as leis são enunciadas não pode ser confirmada pela natureza, a natureza não é tão igual assim, pois existe na natureza uma infinidade de coisas extremamente diferentes de todas as outras coisas e únicas em sua espécie.

1.2 - O Debate Moderno Sobre o Pensamento Crítico

Para BACHELARD (1974) a ciência moderna rompeu com o senso comum e apostou na clareza, na ordem e no método dentro do espírito científico da epistemologia, baseada na especialização, no stricto sensu e na circunscrição do processo de criação do conhecimento à cidade científica onde se desenvolve o espírito científico.

A prática científica madura circunscreve o seu objeto de pesquisa e evita as generalizações vagas, separa o fato verdadeiro do conhecimento verídico, fatos verdadeiros e leis verídicas são aproximações do racionalismo materialista os quais abrem perspectivas de descobertas, pois acumulando fatos verdadeiros e verdades dispensadas ganha-se força de previsão, assim vão se preenchendo as lacunas, isso é o racionalismo de identidade e a racionalidade do múltiplo.

Para MERTON (1968) o ceticismo organizado prediz que a ciência deve duvidar das verdades proclamadas, do mito, da tradição, do conhecimento maduro, das autoridades científicas, mas esta dúvida precisa ser estruturada pela teoria, pelo método, pelas evidências, pelas provas, pela experimentação, não pela vontade de duvidar, a contestação vazia e a refutação pura não é ciência, o ceticismo organizado exige neutralidade científica e argumentos científicos, para não se igualar na definição dogmática que satisfaz a si mesma de modo autônomo.

O comportamento crítico significa que deve submeter-se constantemente à prova de modo incondicional, não existe monopólio da verdade nem verdades indiscutíveis.

Para KUHN (1974: In DEUS) a ciência é uma atividade paradigmática cujas rotinas são estabelecidas através de dogmas (dedutivismo). Os paradigmas fornecem a problematização, a prescrição das alternativas, e a opção científica universalmente aceita.

O progresso da ciência dá-se em etapas, chamados paradigmas, onde a ciência madura, ou ciência normal, passa por um processo de mudança para incorporar a ciência nova, ou seja: muda de um paradigma velho para o novo.

Na ciência normal, que é fruto de um determinado período histórico, foi acumulado o conhecimento científico antecedente, de modo consensual, dentro da cidade científica esta ciência paradigmática forma os manuais científicos que recebem o aval para tornar-se a verdade objetiva.

Método dedutivo - Nessa visão de ciência o conhecimento é formulado e estabelecido numa integralidade histórica e contingente com o beneplácito das autoridades científicas, devidamente credenciado, assim todo conhecimento científico dessa fase histórica é todo contextualizado para confirmar os paradigmas e referenciá-los através das notas de rodapé, das notas bibliográficas, da bibliografia, até que ocorra uma crise paradigmática, ou seja, a falência da ciência histórica é anunciada frente a um novo paradigma que tenta se impor ao paradigma histórico.

Este momento de mudança é a fase de questionamento dos paradigmas, onde a ciência madura é posta à prova juntamente com os seus esquemas conceituais, este ceticismo organizado gera uma descontinuidade posto que a ciência perde um paradigma velho sem que o novo seja incorporado pela cidade científica, ou seja, ainda não se tornou ainda o consenso na ciência dos manuais, assim, esta ciência teleológica e pré-paradigmática vive a crise da mudança de paradigma à espera do processo de saneamento da crise de superação do contexto da descoberta em que a ciência paradigmática em crise migra para o novo paradigma num processo chamado progresso em direção ao novo paradigma na ciência madura.

MORAES (1988: p.30-43) julga o processo de criação de conhecimento uma atividade solitária em que o debate é substituído pelo discurso solitário monológico (método hipotético-dedutivo), entre as teorias e o próprio cientista, que autorizado pela autonomização da razão (dedutivismo) e instrumentado pelo experimentalismo (indutivismo), utiliza-se de uma linguagem lógico-formal para elaborar as leis e chegar ao conhecimento da verdade, autorizado pela racionalidade instrumental, que são fornecidos pelos laboratórios, métodos e procedimentos científicos modernos.

MATALLO (1988: In CARVALHO (Org.)) dá a sua contribuição ao debate começando com o pensamento de Platão, lembrando que a intuição é uma tentativa da busca da essência das coisas, que através do primeiro método, o dialético, rompe-se com o senso comum para através das aproximações sucessivas construir o saber, que evoluiu da discussão das idéias para o processo moderno de classificação, identificação, separação e análise do fenômeno, separando o que é real do que não passa de opinião, separando o conjunto de crenças, valores e opiniões que formam o senso comum, a doxa, onde as crenças são falseáveis, podem ser testadas, mas os valores não.

O senso comum é a base ou inspiração para a descoberta científica porque desperta a curiosidade para o fenômeno que passa a ser objeto de investigação em busca da confirmação através da teoria, ou de novas teorias, que modificam por sua vez o senso comum aperfeiçoando-o.

O senso comum é o resultado da observação desarmada do instrumental científico dado pela teoria que busca a regularidade nos fenômenos.

Esse indutivismo resultante dessa percepção exige um esforço de passagem complicado do particular para o geral, da observação para a verificação da regularidade que implica em um número grande de observações para se confirmar a regularidade esperada, assim de posse dos dados sobre a regularidade para a enunciação da lei que expressa a regularidade dá-se o salto epistemológico.

As categorias analíticas deste processo de construção do conhecimento seriam: leis, fatos, observações, conceitos, teorias, ciência, contexto de descoberta e contexto de justificação.

As leis expressam uma regularidade fenomenológica observável, inviolável em qualquer circunstância; os fatos só existem sob um conjunto determinado de proposições cognitivas; as observações são construídas sobre os fatos a partir de conceitos e das teorias do observador; os conceitos são proposições de significados precisos;

as teorias são específicas e formam

uma estrutura fechada de conceitos

significativos, as teorias constroem a

observação empírica da qual

derivam as leis (sobre as

observações empíricas), as

conjecturas criam as teorias,

conjecturas tomadas das leis que

expressam as regularidades

observadas nos fenômenos dentro

de um contexto de observação; o

contexto de descoberta é o conjunto

de conjecturas teóricas a serem

experimentadas; o contexto de

justificação faz parte do método

experimental para explicar o

contexto de descoberta.

LAKATOS (1983: cap.2. (seções 2.1; 2.2.4; 2.4.1; 2.4.2; 2.4.4; 2.4.5; 2.5.1; 2.5.2.)) & CHALMERS (1993: cap.I, II, III, IV e V.) fecham o debate sobre o processo de criação do conhecimento científico com a sistematização do moderno processo, chamado método científico moderno, reunindo os principais caminhos desde o método cartesiano até o método hipotético-dedutivo.

Para estes autores fazer ciência compreende uma certa concepção de formas de raciocínios específicos dados aos diferentes enfoques e abordagens temáticas, baseadas em decisões concretas de procedimentos, ou formas de proceder, sistemáticas, racionais de forma eficaz, objetiva, eficiente, descritiva.

O método científico compreende regras de escolha onde a técnica é a própria escolha.

Método hipotético-dedutivo

No método hipotético-dedutivo faz-se a enunciação do propósito da experiência através da hipótese, para no momento seguinte efetuar a depuração através da delimitação do objeto, das condições, dos instrumentos de teste e do processo de refutação, com a apresentação das sub-hipóteses e das contra-argumentações, então se vai para o teste de refutação, quando se tenta desconstruir a hipótese e refutá-la, caso isto aconteça reconstrói-se a hipótese e recomeça-se o processo do início, caso contrário conclui-se pela afirmação provisória sobre a hipótese proposta. Esta provisoriedade permanece até que o conhecimento seja refutado.

Método indutivo - No método indutivo o caso observado dentro da expectativa da lei de regularidades vai para a generalização assim que o fato seja confirmado pela significância do número de observações, justificadas no contexto de observação, dentro das condições de observação, instrumentação, análise e síntese, possíveis à luz da teoria e da percepção cognitiva.

1.3 - Lei de Desenvolvimento das Leis

A observação dos anéis de Saturno e de Netuno nos faz pensar o que teria determinado o desenvolvimento daquelas soluções geométricas singulares, parecidas com o sistema de asteróides situado entre as órbitas de Marte e da Terra; a forma geométrica anelar da disposição dos planetas em torno do Sol.

O que existe em comum nessas geometrias é que elas formam um plano circular, com exceção de Plutão que tem uma leve inclinação. Esta conformação seria a forma mais estável, que requer um menor gasto de energia para equilibrar as forças de atração gravitacional entre eles.

Quando os fragmentos de poeira estelar aproximam-se muito começam a formar aglomerados em forma de asteróides e quando atingem um determinado tamanho crítico convergem para a forma mais comum de objetos astronômicos que é a forma esferoidal, a mais equilibrada de todas, aquela forma que possui um gasto mínimo de energia para manter as partes juntas.

Essa configuração geométrica exprime uma inteligência imaterial capaz de resolver esse problema geométrico através do algoritmo de minimização da energia que mantém as partes com a maior estabilidade permitida pela configuração e pelo ambiente.

A probabilidade de distribuição das possíveis alternativas vai de zero a cem, isto é: existe uma chance mínima de nunca se formar a esfera, ou, uma chance mínima da esfera sempre ser formada, ou uma chance mínima de nunca se formar o anel discóide, ou, uma chance mínima do anel discóide sempre ser formado, segundo o princípio da densidade de distribuição das probabilidades.

Segundo Karl Popper, se as previsões concordam com as observações a teoria mantém a sua validade até que seja refutada, embora nunca possamos provar que a teoria esteja correta, nenhuma teoria pode ser provada apenas porque sobreviveu aos mais exaustivos testes refutacionais de acordo com o meto hipotético-dedutivo.

As leis clássicas da Física funcionam para os sistemas grandes, onde é possível um grande número de observações sobre o fenômeno, dentro de condições controladas e determinadas, porque as leis são expressões de certo padrão de repetições num contexto de descoberta, então, de todas as opções possíveis para um conjunto de leis do universo a lei média pode ser prevista e representada pelas leis conhecidas, mas quando o universo era minúsculo, como era na fase de sua formação ganha força o princípio da incerteza, ou seja: que tipos de leis poderiam vigorar naquela fase do universo onde a quantidade de eventos era escassa?

HAWKINS conclui dizendo que as leis da ciência não se aplicam ao início do universo, e poderiam, portanto, falhar também em outras épocas, ficando perplexo e sem alternativas diante de tal antinomia. Para sair desta antinomia é que se propõe a lei de que as leis evoluem, e que as leis que vigiam no início do universo não são as mesmas de agora porque as condições do universo mudaram.

Acostumamos-nos à idéia de que o pensamento científico evolui, então leis sobre a natureza não são mudadas apenas porque o nosso conhecimento da natureza ficou mais refinado, agora é o momento de meditarmos sobre esse dogma de que as leis não evoluem, apenas o nosso modo e ver o universo: isto já não é mais suficiente para explicar tudo.

Seguindo a hipótese de que o universo surgiu de uma explosão de um ponto singular onde tudo estaria concentrado, tal densidade de tão grande seria infinita.

Num tal ponto, a teoria da relatividade geral de Einstein teria falhado, ela não pode responder a maneira pela qual o universo iniciou, ela falha porque não incorpora o princípio da incerteza HAWKINS (2001: O princípio da incerteza, também chamada de teoria quântica, teve o desenvolvimento dado pelos cientistas: Werner Heisemberg, em Copenhague, Dinamarca, Paul Dirac em Cambridge, e Erwin Schröedinger, em Zurique, esta teoria diz que partículas minúsculas não possuem posição e velocidades definidas, ou seja, quanto mais exatamente se determina a posição, menos exatamente se determina a velocidade e vice-versa.

Eisntein horrorizado com tal teoria nunca aceitou tal teoria dizendo que "Deus não joga dados".), assim como a teoria da relatividade geral HAWKINS (2001: A teoria da relatividade geral cria a dimensão do espaço-tempo curvo, porque os objetos astronômicos são em geral esféricos, e por causa da energia dos objetos que é sempre positiva dá ao espaço-tempo uma curvatura que arqueia as forças e a luz nas suas proximidades.) não era compatível com a lei da gravidade de Newton que a precedeu: ainda mais, falha porque não prevê que as leis do universo poderiam ter mudado também.

O que se pode concluir é que os pensamentos de Copérnico sobre o heliocentrismo, sobre a rotação e translação da terra, foram fundamentais para a enunciação das três leis de Kepler, que por sua vez evoluíram para as leis de Newton, que evoluíram para a teoria da relatividade geral, a qual evoluiu para a teoria quântica.

Embora em algum instante os citados cientistas tenham, aqui e ali, negado tal associação entre os trabalhos uns dos outros.

Mas isso é assunto para outro trabalho.

Para Newton o tempo era eterno, linear e imutável, como parece para muitas pessoas hoje, essas concepções de tempo são adequadas à vida na terra, mas parecem inteiramente inadequadas para os fenômenos nas proximidades das grandes massas, em relação às galáxias e grandes formações astronômicas, e estas definições entram em colapso quando se trata de um buraco negro, onde simplesmente o tempo acaba, desaparecendo, esse é o verdadeiro fim da história.

Caso o universo tivesse seguido uma escala linear, seguindo as leis conhecidas hoje para ele, o universo já teria chegado a um equilíbrio térmico, não haveria mais noites porque a distribuição de luz e energia teriam tomado todo o universo. As tentativas de unificar as teorias que tratam das partículas atômicas com as teorias que tratam do universo foram infrutíferas até o momento.

Seria a fusão da teoria da relatividade geral com a teoria quântica, a primeira tratando da supergravidade, e a segunda tratando das partículas microscópicas e ondas de energia elétrica ou magnética.

Uma teoria denominada teoria das cordas supersimétricas parecia ser a única forma de combinar gravidade com teoria quântica, as cordas, na teoria das cordas, deslocam-se em relação ao espaço-tempo, e as suas ondulações são interpretadas como partículas.

Surgiu a teoria-M que trataria da dualidade gravidade-quanta, assim, com cinco teorias das supercordas seria possível descrever a supergravidade juntando as duas dimensões.

Esta teoria-M é útil para calcular como umas poucas partículas de alta energia colidem e se dispersam, mas não são muito úteis para descrever como a energia de um enorme número de partículas curva o universo ou forma um estado ligado, como um buraco negro, para essas situações serve a teoria da supergravidade que é a teoria relativista geral de Eisntein, assim ficamos sem a unificação dos dois extremos. HAWKINS (2001: p.57)

As leis descritas para o universo sejam para as partículas microscópicas de alta energia, assim como para descrever os conglomerados galácticos, indicam que existem inteligências imateriais que foram as responsáveis pelos estados: atual, passado e futuro do universo.

As leis servem apenas para descrever o fenômeno como são percebidos nos seus padrões pelo intelecto humano, não significam que elas existam, ou que estejam guiando o universo, leis são abstrações humanas, antropocêntricas, e não têm nada a ver com o universo!

A passagem do particular para o geral não passa de uma indução autorizada pela ontologia que acredita que o todo é igual à soma das partes constituintes tomadas separadamente e homogêneo.

Se isto fosse verdade um relógio desmontado seria igual ao relógio montado, e sabemos que um relógio é mais do que o somatório das suas peças, pois um relógio montado requer uma determinada ordem e hierarquia na organização das suas peças que exige conhecimento técnico para serem organizadas em sua montagem e que depois de montado exige uma regulagem precisa para funcionar como um relógio.

A hipótese desse trabalho é que somente a inteligência pode criar o universo, a inteligência seria a capacidade de reduzir o esforço de consumo de energia para contornar os obstáculos do meio-ambiente.

O caminhar de um rio pelo seu leito é apenas uma entre milhões de alternativas possíveis para o curso d'água, mas o curso do rio é sempre aquele caminho onde o custo energético é o menor possível da perspectiva da energia potencial, isso é o que se chama inteligência.

As leis da hidráulica que se aplicam ao fluxo de corrente de água do rio são apenas registros das regularidades percebidas pelo ser humano a partir das observações dos cursos d'águas, e não regras descobertas pelo ser humano do seguir do fluxo d'água, porque as regras são aproximações imperfeitas da realidade.

A realidade é imperscrutável e inapreensível pela cognição humana.

Assim como o curso de um rio demonstra a inteligência das águas, a forma de uma gota d'água demonstra como a tensão superficial é a forma mais estável para uma minúscula superfície da gota, esta forma foi possível obter devido à inteligência das moléculas de água em construírem este engenhoso arranjo dentre milhões de possibilidades de arranjos das moléculas de água.

Foi observado por biólogos que um conjunto de organismos unicelulares quando agrupados tendem a uma formação em volta de uma fonte de proteína de modo a formarem um tecido e fagocitarem a proteína como se fosse um organismo único, se este fenômeno surpreendeu os biólogos, podemos agora provar que a inteligência prescinde de um sistema neural.

Um conjunto de organismos unicelulares autônomos, isolados e independentes, quando colocados confinados, tende a agir como se fosse um único organismo, essa tendência é o objeto que vamos explorar como o maior indício de que existe inteligência manifesta em toda forma de conglomerado.

Uma planta, quando colocada próxima a uma fonte de luz, cria um movimento chamado fototropismo em direção à fonte de luz que dela necessita para efetuar a fotossíntese com o menor gasto de energia, este movimento em direção à fonte de luz é devido à inteligência das células da planta.

Quando uma pequena queimadura ou um pequeno corte atinge uma pequena porção da pele imediatamente uma nova camada de pele reduz a superfície exposta para diminuir a perda de material orgânico, este processo não passa pelo controle do cérebro, é totalmente comandado pelas células, o mais surpreendente é que todos os processos intracelulares tais como: a produção de energia, a troca de gases oxigênio e carbônico são comandados pela inteligência celular sem a interferência de qualquer sistema neural.

Não existem leis no universo, as leis são ajustes intuitivos construídos pelo cientista para simplificar a percepção dos fenômenos que o ser humano experimenta, que coincidem com os padrões de nossas expectativas antropocêntricas em relação aos fenômenos vistos no universo.

O processo de construção das leis é a conseqüência da simplificação das observações que permitem prever os eventos e predizer os seus resultados e conseqüências. É através desse mecanismo metódico que conseguimos compreender e descrever a natureza, por meio de leis, a esse processo dá-se o nome de pesquisa, e o modo de explica-lo chamamos de contexto de justificação.

Quando estudamos um fenômeno procuramos alguma regularidade, esta regularidade deve ser estudada no meio-ambiente em que ela pode reproduzir-se a partir da eliminação de tudo aquilo que não desejamos que interfira no fenômeno estudado, então, enunciamos as leis, as circunstâncias, delimitamos o fenômeno e criamos as teorias que são o conjunto de conceitos acerca do fenômeno.

Nem sempre o que se observa é o que parece, e esta obviedade pegou muitos sábios reduzindo as suas teorias aos escombros das tolices mitológicas.

Por causa da percepção desarmada durante muitos séculos o movimento da terra foi negado, ao invés da rotação terrestre preferiu-se acreditar no movimento aparente e evidentemente óbvio do sol, da lua e dos planetas: tudo o mais parecia firme e estático no céu.

Uma observação do céu próxima à camada polar indicava que as estrelas giravam em círculos perfeitos seguindo uma regularidade previsível. Para explicar estes fatos observados foram desenvolvidas muitas teorias sobre o sistema celeste, que iam desde cúpulas fixas no céu, às esferas celestes com estrelas incrustadas girando, mas, no meio dessa regularidade um fenômeno parecia destoar do resto: era uma anomalia no movimento do planeta Marte, que em determinada época do ano Marte revertia o seu movimento e começava a caminhar regressivamente, por um momento, para depois prosseguir no movimento anterior à reversão.

Ptolomeu explicou essa anomalia construindo um sistema em que Marte descrevia círculos evolutivos pequenos em sua marcha em torno da terra, formando epiciclos, o que explicaria a sua marcha para trás, mas esse modelo ainda não combinava com as observações, pois deixara muitas lacunas.

Outros astrônomos gregos desenvolveram sistemas extremamente complexos envolvendo círculos onde os planetas giravam dentro de outros círculos com os quais conseguiram extrema precisão, porém as pessoas que lidavam com esses cálculos reclamavam freqüentemente da enorme complexidade destes custosos cálculos.

Aristarco de Samos previu há três séculos a.C. o heliocentrismo, isto é, previu os movimentos de rotação e de translação da terra, coisa considerada absurda para a época, imaginem, um corpo enorme como a terra solta no espaço e girando, se fosse isso verdade ficaríamos tontos de tanto dar voltas, e seríamos expelidos para o espaço! Era o que pensavam os sábios e sacerdotes da época.

Somente no século XVI, com o astrônomo polonês Nicolau Copérnico, cansado da complexidade do sistema ptolomaico, repôs o sol como centro do sistema de planetas e então a simplicidade e a precisão foram estabelecidos, mas não definitivamente.

Sabemos que Copérnico disse que a sua hipótese parecia absurda até para ele mesmo, ele admitiu esse sistema, mas ainda conservou as estrelas fixas numa esfera no firmamento, incluindo o sol. Após a descoberta de Copérnico Tycho Brahe começou a fazer medições precisas para verificar o sistema de

Copérnico, verificou que as órbitas não confirmavam a precisão dos círculos de Copérnico, então sugeriu que uma pequena mudança fosse introduzida: que o sol girasse em torno da terra, e que os demais planetas seguissem girando em torno do sol.

Nessa fase de descobertas, Galileu teve que negar que a terra se movia diante do Tribunal da Inquisição, Kepler percebendo a fraqueza do modelo proposto por Brahe começou a fazer cálculos que reproduzissem matematicamente as observações de Brahe, porque sabia que o seu mestre fazia medições tão precisas que seriam capazes de abarcar a cabeça de um alfinete a cinco metros de distância, portanto se se descobrisse uma lei matemática para os planetas os dados de Brahe coincidiriam com a fórmula matemática, foi o que fez.

Após milhares de tentativas com equações, conseguiu estabelecer relações matemáticas entre os seis planetas conhecidos (Mercúrio, Vênus, Terra, Marte, Júpiter e Saturno) e os cinco sólidos geométricos regulares.

Kepler ficou extasiado com a sua descoberta: A lei de Kepler das órbitas planetárias se baseava nos cinco sólidos geométricos regulares: de acordo com essa lei uma esfera de raio igual ao da órbita de Saturno circunscreve um cubo.

Uma esfera inscrita nesse cubo tem raio igual ao raio da órbita de Júpiter, com um tetraedro inscrito.

Uma esfera inscrita no tetraedro dá o raio da órbita de Marte.

Em uma esfera relativa ao raio da órbita de Marte tem um dodecaedro inscrito.

Uma esfera inscrita no dodecaedro dá a órbita da terra.

Continuando este processo de inscrições alternadas de esferas e sólidas regulares, usando o icosaedro e o octaedro, esses nos dão as órbitas de Vênus e Mercúrio.

Como só existem cinco sólidos regulares, Kepler acreditava que poderia haver apenas cinco planetas. COMMITEE (1974: 51-8).

Ocorre freqüentemente que as leis que revelam correlações entre regularidades, mesmo que bastante precisas e bem justificadas podem não ter quaisquer correlações profundas com a natureza, porque as melhores relações são apenas injunções humanas sobre uma proposição de observação arbitrária sobre a natureza. Hoje esta descoberta de Kepler está completamente esquecida, o que ficou de Kepler foram as três leis que fez sobre a mecânica celeste.

A lei do formato das órbitas elípticas em que o sol é um dos centros; a equação $R3/T2 = K$ onde R é o raio da órbita, T é o período da órbita e K uma constante = 3,354; e a lei que diz que os planetas varrem áreas iguais em tempos iguais, áreas obtidas ligando-se o planeta ao sol por uma linha imaginária.

A grande descoberta dos sólidos regulares inscritos e circunscritos foram confirmadas pelas observações, então se debruçou Kepler sobre os dados de Brahe e após cerca de setenta tentativas chegou ao modelo de uma curva excêntrica, mas havia uma discordância de cerca de 8/60 de grau, o que equivale ao ponteiro do relógio deslocar-se em 0,02 segundos em relação às observações de Brahe, ele poderia desprezar esta discrepância, mas ficou intrigado porquê Brahe jamais cometeria tal equívoco em suas medições.

Tabela de R3/T2 = k

Planetas	Raio R metros	Período T segundos	R3/T2 = K
Mercúrio	5,79x1010	7,60x106	3,354x1018
Vênus	1,08x1011	1,94x107	3,352x1018
Terra	1,49x1011	3,16x107	3,354x1018
Marte	2,28x1011	5,94x107	3,354x1018
Júpiter	7,78x1011	3,74x108	3,355x1018
Saturno	1,43x1012	9,30x108	3,353x1018

Fonte: Commitee, loc. Cit p.56.

Tanto a descrição ptolomaica quanto à kepleriana são precisas, cada uma permite predizer exatamente onde encontrar os planetas no firmamento, dependendo do referencial adotado.

Se o referencial for a Terra será apenas mais complicado, se for o Sol, seria muito mais simples, mas dependendo do referencial, se for, por exemplo, de fora do sistema solar vai parecer que o Sol caminha arrastando os planetas que executam epiciclóides em vez de elipses.

Para descrever os movimentos dos planetas precisamos primeiro escolher o referencial, e este referencial pode ser qualquer ponto arbitrário, para cada ponto referencial pode-se construir muitas leis e regras, seguidas de equações e teorias as mais diversas.

As leis de Kepler são apenas aproximações precisas das trajetórias dos planetas, mas não são suficientemente precisas para servirem de parâmetros precisos para uma viagem interplanetária, sempre é preciso fazer correções durante o percurso, um pequeno erro significa passar a milhares de quilômetros do ponto pretendido.

Quanto mais se observam os sistemas celestes mais surpreende que existam muitas irregularidades mais do que regularidades: a observação do movimento de rotação da terra, através de um satélite de observação de órbita polar, revelou que um caminho tirado de uma reta imaginária a partir do pólo Norte terrestre projeta um ponto que descreve um caminho totalmente anômalo, irregular e completamente imprevisível.

A alternativa da metodologia científica para esta circunstância é procurar aperfeiçoar as leis existentes para conformar a realidade irregular a um padrão regular, este processo é o que chamamos de evolução das leis.

O que se propõe no momento é outra alternativa: a idéia de que o universo não é estático, um produto acabado sujeito às leis desconhecidas, rígidas, que estão apenas à espera de serem descobertas e examinadas; o que se propõe é que as leis do universo jamais serão conhecidas porque elas mudam sempre, pelo simples fatos de que elas não existem, o universo tem inteligência, portanto ele pode sempre mudar e adaptar-se às novas circunstâncias, portanto, novas leis são criadas a todo instante. Tais fertilidade e abundância criativas jamais serão inteiramente dominadas pela ciência.

2 – Conclusão

Precisamos encontrar uma nova maneira de abordar esta realidade, então essa proposta da existência do processo da criação contínua das leis parece ser um bom começo, aceitar em primeiro lugar que o universo possui inteligência para então se entender as leis da inteligência e aplica-las ao universo, a partir dessa premissa estudar as condições e pré-condições de criação ou aparecimento de uma lei, considerando as circunstâncias e as condições de mudanças das circunstâncias no meio-ambiente.

As leis formam-se de um conjunto de conceitos produzidos em um contexto ditado pela metodologia científica onde se pode reproduzir o padrão de comportamento a partir de métodos, instrumentos e paradigmas reconhecidos pela ciência. As leis são um resultado da visão dogmática e paradigmática da natureza.

O acaso ou a inteligência

A idéia-conceito de lei implica em uma aceitação de que determinado fenômeno dentre todas as alternativas possíveis tem uma excelente probabilidade de repetir-se invariavelmente e indefinidamente mantidas as mesmas condições *sine qua non*: à contrapor-se ao conceito exposto da lei como uma repetição mecânica natural de um fenômeno mecânico está outra espécie de explicação que seria dada pelo acaso.

Pela teoria do acaso os fenômenos seriam escolhidos pela sorte, numa espécie de loteria cósmica.

A exclusão destas duas alternativas nos levaria a uma inevitável conclusão que ao invés de raciocinarmos com o acaso e com a ditadura das leis poderíamos conjecturar que o universo possui inteligência, procurando a melhor solução, ou simplesmente um conjunto de soluções para contornar as decisões que são impostas pelos eventos.

3 – REFERÊNCIAS BIBLIOGRÁFICAS

BACHELARD, Gaston. Conhecimento Comum e Conhecimento Científico. In : GONZALES, E. N. BASTOS, M. (Orgs.). Iniciação à Metodologia Científica. Brasília: EdUnB, 1974.

CHALMERS, A. F. O Que é Ciência Afinal? Brasília: Brasiliense, 1993. cap.I, II, III, IV e V.

CHRÉTIEN-GONI, Jean-Pierre. Dicionário dos Filósofos. São Paulo: Martins Fontes, 2001.

COMMITEE. EDUCATIONAL SERVIVES INCORPORATED. (Tradução de: MORENO, Márcio Q.).

FÍSICA. Physical Science Study

Commitee. São Paulo: Edart, 1974.

GALILEU. Opere di Galileo Galilei.

Florença: Edizione Nazionale, 1890-

1909. 20 vol.

HAGSTROM, W. O Controle Social

dos Cientistas. In : DEUS, J. Dias. A

Crítica da Ciência. Rio de Janeiro:

Zahar, 1974.

HAWKINS, Stephen. O Universo

Numa Casca de Noz. São Paulo:

Mandarim, 2001.

KUHN, Thomas S. A Função do

Dogma na Investigação Científica. In

: DEUS, J Dias. (org.). A Crítica da

Ciência. Rio de janeiro: Zahar, 1974

LAKATOS, E. M. & MARCONI, M. A.

Metodologia Científica. São Paulo:

Atlas, 1983. cap.2. (seções 2.1;

2.2.4; 2.4.1; 2.4.2; 2.4.4; 2.4.5; 2.5.1;

2.5.2.).

MARCONDES, Danilo. História da

Filosofia. 5.ed. Rio de Janeiro: Zahar,

2000.

MATALLO Jr, H. A Problemática do

Conhecimento. In : CARVALHO, M.

C. (Org.). Construindo o Saber.

Campinas: Papirus, 1988.

MERTON, Robert. Sociologia: Teoria

e Estrutura. São Paulo: Mestre Jou,

1968. Caps.XVII-XVIII.

MORAES, Régis de. Filosofia da

Ciência e da tecnologia. Campinas:

Papirus, 1988. p.30-43; (Breve

Abordagem Histórica da Evolução da

Ciência).

O TEMPO

TEMPO

Introdução

Meine Theorie auf Zeit (Roberto da Silva Rocha)

- Essen Sie die Niederwerfung von: Schrödinger, Dirac, Einstein, Heisenberg, Mach, Planck, Bohr, und Laue.

Meine neue Interpretation der EPR-Paradoxon ist auf einen neuen theoretischen Rahmen, ein hypothetisches Konstrukt des Phänomens der Zeitlichkeit geführt.

Es scheint mir, dass diese neue Erklärung für das Phänomen der Zeit könnte dies EPR-Paradoxon zu betrachten und führt zu der

Versuchung, viel mehr als scheint in der Quantenphysik möglich zu erklären.

Hypothese:

Die Hypothese, wollen wir untersuchen können wie folgt beschrieben werden:

Korollar Nr. 1

Die Gleichung der Zeit T = 1 / F, wobei T die Wellenperiode und F ist die fundamentale Frequenz der Welle.

Folge der Folgerung 1 ist, dass:

Die Zeit ist umgekehrt proportional zur Größe der Frequenzskala

Korollar Nr. 2

Die Geschwindigkeit des Lichtes in einer typischen Frequenz des elektromagnetischen Spektrums sichtbar an den Betreiber richtet eine Operationen Transformationen auf andere Quantenphänomene, so dass die T, Periode, in der Nähe, so dass die Grenze betrachtet werden oberen temporalen Null ist, über die Zeit beginnen würde, negativ zu sein (regressiv).

Korollar Nr. 3

Jedes System hat seine eigene Zeit, das heißt, Ihre eigene Zeit.

Folge der Folge 3:

Ein Suprasystem von kleineren Teilsystemen bestehen mehrere Operationen der Zeit, dh, verflochten und überlappende Zeit unabhängig.

Korollar # 4

1. Die Peak-und Tal der sinusförmige Wellenform, die die Staaten der pure Energie;

2. Zwischen den Spitzen-und Talspiegel von wandelt Materie ist Energie und umgekehrt;

3. So gibt es zwei Zustände der Frequenz:

a) Bereich;

b) Energy.

4. Die Zeit ist auch quantisiert;

5. Die Zeit ist fraktioniert (quantisiert) Energiezustände zwischen der (Berg und Tal) des Sinus;

6. Die Zeit ist null Staaten aus reiner Energie (Peak-und Tal der Sinusform);

7. Das Photon wird, um den Durchgang des staatlichen Energie-Gipfel ins Tal und das Tal zum Gipfel Sinus Zeuge;

8. Der kleinste Bruchteil der Zeit bekannt und überprüfbar (Quanten) ist der Übergang zu der Photonenenergie und Energie des Photons;

Schlussfolgerungen:

1) Die Beobachtung eines jeden Staates ist es, die Winkelgeschwindigkeit, dh die Frequenz der Beobachter relativ zur Frequenz des Staates beobachtet werden, ist dann die verschiedenen möglichen Interpretationen der verschiedenen Staaten für die Schrödingers Katze verwandt.

2) Die Zeit ist nicht im gleichen Universum. Jedes Teilchen hat seine eigene Zeit sowie das umfangreiche jeder Größe in den Kosmos.

3) Zeit ist ein privat geführtes und einzigartig für jede Koordinate des

Universums. Es hängt nur von der Gleichung T = 1 / F.

4) Je langsamer die Teilchen, desto größer ist die Zeit, damit die schneller (je höher die Frequenz) der Teilchen bewegt sich langsamer ist Ihre Zeit, das heißt, desto geringer ist Ihre Zeit.

Die Aussicht auf eine gerade diese Bewegungen auf die Geschwindigkeit des Lichts, dh, Hochfrequenz, daß sich nichts bewegt in das Universum. Eine Explosion einer chemischen Bombe scheint ein ruhender Beobachter und einer momentanen Ereignis, aber wenn es mit nahezu Lichtgeschwindigkeit bewegen könnte jeder Phase der Explosion zu sehen, als ob es eine Mauer zu geduldig auf eine gebaut wurden qualifizierte Maurer, ask-a-Stück.

An der Schwelle der Lichtgeschwindigkeit alle Ereignisse vor und nach scheinen nicht zu unterscheiden für den Betrachter so geschrieben. Dies ist wegen der Quantenverschränkung.

Моя теория о времени (Роберто да Силва Роша)

- Ешьте прострации: Шредингер, Дирак, Эйнштейн, Гейзенберг, Маха, Планк, Бор, и Лауэ.

Моя новая интерпретация ЭПР-парадокс привел к новой теоретической базы, гипотетический конструкт феномен временности.

Мне кажется, что это новое объяснение феномена времени может созерцать эту ЭПР-парадокс и приводит к искушению объяснить гораздо больше, чем кажется

возможным в квантовой физике.

Гипотеза:

Гипотеза мы намерены

рассмотреть можно

сформулировать следующим

образом:

Следствие № 1

Уравнение времени $T = 1 / F$, где T-

период волны и F является

основной частоты волны.

Следствие следствия 1 является

то, что:

Времени обратно

пропорциональна величине шкале

частот

Следствие № 2

Скорость света в типичных частот

электромагнитного спектра видна

оператор устанавливает операций

преобразования применяются к

другим квантовых явлений таких,

что T, период, близок к нулю, так

что предел может считаться

верхней височной, , над которым

время начнет быть отрицательным

(регрессивная).

Следствие № 3

Каждая система имеет свой

период, то есть для Вас время.

Из следствия 3:

Суперсистемы состоят из меньших

подсистем иметь несколько

операций времени, то есть,

переплетаются и перекрытия

зависят от времени.

Следствие # 4

1. Пика и долины синусоидальной

формы представляющих

государства из чистой энергии;

2. Между пик и впадина материи преобразовывает это энергия, и наоборот;

3. Так Есть два состояния частота:) области;

   б) энергии.

4. Время также квантованной;

5. Время фракционированного (квантованной) энергии между государствами (пик и долина) от синусоиды;

6. Время нулевыми состояниями

чистой энергии (пик и долина синусоидальной формы);

7. Фотон приходит к свидетелем прохождения энергии государства пика до долины и долины синусоидальной волны пик;

8. Наименьшая доля времени известно и проверке (квантов) переход к энергии фотона и энергии фотона;

Выводы:

1) наблюдение какого-либо государства связано с угловой скоростью, т.е. частота наблюдателя по отношению к

частоте состояние наблюдается, то различные возможные интерпретации различных государств для кошки Шредингера.

2) Время не находится в той же вселенной. Каждая частица имеет свое собственное время, а также обширный любого размера в космосе.

3) Время в частной собственности и уникальные для каждой координаты Вселенной. Все зависит от уравнения T = 1 / F.

4) медленнее частиц, тем больше

времени, следовательно, быстрее

(чем выше частота) частица

движется медленнее вашего

времени, то есть нижняя период

вашей.

Перспектива наблюдать тех,

движется со скоростью света, то

есть высокой частоты, в том, что

ничто не движется во Вселенной.

Взрыв химических бомб кажется

наблюдателя в покое и мгновенное

событие, но если она двигались

почти со скоростью света могли

видеть друг фазы взрыва, как если

бы она была кирпичная стена

строится терпеливо

квалифицированный каменщик,

спросите-убор.

В преддверии скорости света все

события до и после, кажется

неотличимым к наблюдателю так

созданы. Это из-за квантовой

запутанности.

Revisão da Bibliografia

A **mecânica quântica** é a teoria física que obtém sucesso no estudo dos sistemas físicos cujas dimensões são próximas ou abaixo da escala atômica, tais como moléculas, átomos, elétrons, prótons e de outras partículas subatômicas, muito embora também possa descrever fenômenos macroscópicos em diversos casos.

A Mecânica Quântica é um ramo fundamental da física com vasta aplicação.

A teoria quântica fornece descrições precisas para muitos fenômenos previamente inexplicados tais como a radiação de corpo negro e as órbitas estáveis do elétron. Apesar de na maioria dos casos a Mecânica Quântica ser relevante para descrever sistemas microscópicos, os seus efeitos específicos não são somente perceptíveis em tal escala.

Por exemplo, a explicação de fenômenos macroscópicos como a super fluidez e a supercondutividade só é possível se considerarmos que o comportamento microscópico da matéria é quântico.

A quantidade característica da teoria, que determina quando ela é necessária para a descrição de um fenômeno, é a chamada constante de Planck, que tem dimensão de momento angular ou, equivalentemente, de ação.

A mecânica quântica recebe esse nome por prever um fenômeno bastante conhecido dos físicos: a quantização. No caso dos estados ligados (por exemplo, um elétron orbitando em torno de um núcleo positivo) a Mecânica Quântica prevê que a energia (do elétron) deve ser quantizada. Este fenômeno é completamente alheio ao que prevê a teoria clássica.

A palavra "quântica" (do Latim, quantum) quer dizer quantidade. Na mecânica quântica, esta palavra refere-se a uma unidade discreta que a teoria quântica atribui a certas quantidades físicas, como a energia de um elétron contido num átomo em repouso.

A descoberta de que as ondas eletromagnéticas podem ser explicadas como uma emissão de pacotes de energia (chamados quanta) conduziu ao ramo da ciência que lida com sistemas moleculares,atômicos e subatômicos. Este ramo da ciência é atualmente conhecido como mecânica quântica.

A mecânica quântica é a base teórica e experimental de vários campos da Física e da Química, incluindo a física da matéria condensada, física do estado sólido, física atômica, física molecular, química computacional, química quântica, física de partículas, e física nuclear. Os alicerces da mecânica quântica foram estabelecidos durante a primeira metade do século XX por Albert Einstein, Werner Heisenberg, Max Planck, Louis de Broglie, Niels Bohr, Erwin Schrödinger, Max Born, John von Neumann, Paul Dirac, Wolfgang Pauli, Richard Feynman e outros.

Alguns aspectos fundamentais da contribuição desses autores ainda são alvo de investigação.

Normalmente é necessário utilizar a mecânica quântica para compreender o comportamento de sistemas em escala atômica ou molecular.

Por exemplo, se a mecânica clássica governasse o funcionamento de um átomo, o modelo planetário do átomo – proposto pela primeira vez por Rutherford – seria um modelo completamente instável.

Segundo a teoria eletromagnética clássica, toda a carga elétrica acelerada emite radiação.

Por outro lado, o processo de emissão de radiação consome a energia da partícula.

Dessa forma, o elétron, enquanto caminha na sua órbita, perderia energia continuamente até colapsar contra o núcleo positivo!

Em física, chama-se "sistema" um fragmento concreto da realidade que foi separado para estudo.

Dependendo do caso, a palavra sistema refere-se a um elétron ou um próton, um pequeno átomo de hidrogênio ou um grande átomo de urânio, uma molécula isolada ou um conjunto de moléculas interagentes formando um sólido ou um vapor.

Em todos os casos, sistema é um fragmento da realidade concreta para o qual deseja-se chamar atenção.

Dependendo da partícula pode-se inverter polarizações subsequentes de aspecto neutro.

A especificação de um sistema físico não determina unicamente os valores que experimentos fornecem para as suas propriedades (ou as probabilidades de se medirem tais valores, em se tratando de teorias probabilísticas).

Além disso, os sistemas físicos não são estáticos, eles *evoluem* com o tempo, de modo que o mesmo sistema, preparado da mesma forma, pode dar origem a resultados experimentais diferentes dependendo do tempo em que se realiza a medida (ou a histogramas diferentes, no caso de teorias probabilísticas).

Essa idéia conduz a outro conceito-chave: o conceito de "estado". Um estado é uma quantidade matemática (que varia de acordo com a teoria) que determina completamente os valores das propriedades físicas do sistema associadas a ele num dado instante de tempo (ou as probabilidades de cada um de seus valores possíveis serem medidos, quando se trata de uma teoria probabilística). Em outras palavras, *todas as informações possíveis de se conhecer em um dado sistema constituem seu estado*

Cada sistema ocupa um estado num instante no tempo e as leis da física devem ser capazes de descrever como um dado sistema parte de um estado e chega a outro. Em outras palavras, as leis da física devem dizer como o sistema evolui (de estado em estado).

Muitas variáveis que ficam bem determinadas na mecânica clássica são substituídas por distribuições de probabilidades na mecânica quântica, que é uma teoria intrinsicamente probabilística (isto é, dispõe-se apenas de probabilidades não por uma simplificação ou ignorância, mas porque isso é tudo que a teoria é capaz de fornecer).

No formalismo da mecânica quântica, o estado de um sistema num dado instante de tempo pode ser representado de duas formas principais:

1. O estado é representado por uma função complexa das posições ou dos momenta de cada partícula que compõe o sistema. Essa representação é chamada função de onda.

2. Também é possível representar o estado por um vetor num espaço vetorial complexo.[1] Esta representação do estado quântico é chamada vetor de estado. Devido à notação introduzida por Paul Dirac,

tais vetores são usualmente chamados kets (sing.: ket).

Em suma, tanto as "funções de onda" quanto os "vetores de estado" (ou kets) representam os estados de um dado sistema físico de forma *completa* e *equivalente* e as leis da mecânica quântica descrevem como vetores de estado e funções de onda evoluem no tempo.

Estes objetos matemáticos abstratos (kets e funções de onda) permitem o cálculo da probabilidade de se obter resultados específicos em um experimento concreto. Por exemplo, o formalismo da mecânica quântica permite que se calcule a probabilidade de encontrar um elétron em uma região particular em torno do núcleo.

Para compreender seriamente o cálculo das probabilidades a partir da informação representada nos vetores de estado e funções de onda é preciso dominar alguns fundamentos de álgebra linear.

É impossível falar seriamente sobre mecânica quântica sem fazer alguns apontamentos matemáticos. Isso porque muitos fenômenos quânticos difíceis de se imaginar concretamente podem ser representados sem mais complicações com um pouco de abstração matemática.

Há três conceitos fundamentais da matemática - mais especificamente da álgebra linear - que são empregados constantemente pela mecânica quântica.

São estes:

(1) o conceito de operador;

(2) de autovetor; e

(3) de autovalor.

Um **operador** é um ente matemático que estabelece uma relação funcional entre dois espaços vetoriais. A relação funcional que um operador estabelece pode ser chamada **transformação linear**.

Do ponto de vista teórico, a semente da ruptura entre as física quântica e clássica está no emprego dos operadores. Na mecânica clássica, é usual descrever o movimento de uma partícula com uma função *escalar* do tempo.

Por exemplo, imagine que vemos um vaso de flor caindo de uma janela. Em cada instante de tempo podemos calcular a que altura se encontra o vaso. Em outras palavras, descrevemos a grandeza *posição* com um número (escalar) que varia em função do tempo.

Uma característica distintiva na mecânica quântica é o uso de operadores para representar grandezas físicas. Ou seja, não são somente as rotações e translações que podem ser representadas por operadores.

Na mecânica quântica grandezas como posição, momento linear, momento angular e energia também são representados por operadores.

Até este ponto já é possível perceber que a mecânica quântica descreve a natureza de forma bastante abstrata. Em suma, os estados que um sistema físico pode ocupar são representados por vetores de estado (kets) ou funções de onda (que também são vetores, só que no espaço das funções). As grandezas físicas não são representadas diretamente por escalares (como 10 m, por exemplo), mas por operadores.

Em primeiro lugar, considere o operador **Â** de uma transformação linear arbitrária que relacione vetores de um espaço **E** com vetores do mesmo espaço **E**. Neste caso, escreve-se [eq.01]:

$$\hat{A} : E \mapsto E$$

Observe que qualquer matriz quadrada satisfaz a condição imposta acima desde que os vetores no espaço **E** possam ser representados como matrizes-coluna e que a atuação de **Â** sobre os vetores de **E** ocorra conforme o produto de matrizes a seguir:

$$\begin{bmatrix} a_{11} & a_{12} & \cdots & a_{1m} \\ a_{21} & a_{22} & \cdots & a_{2m} \\ \vdots & \vdots & \ddots & \vdots \\ a_{m1} & a_{m2} & \cdots & a_{mm} \end{bmatrix} \cdot \begin{bmatrix} b_1 \\ b_2 \\ \vdots \\ b_m \end{bmatrix} = \begin{bmatrix} c_1 \\ c_2 \\ \vdots \\ c_m \end{bmatrix}$$

Como foi dito, a equação acima ilustra muito bem a atuação de um operador do tipo definido em [eq.01]. Porém, é possível representar a mesma idéia de forma mais compacta e geral sem fazer referência à representação matricial dos operadores lineares [eq.02]:

$$\hat{A} \cdot \vec{b} = \vec{c}$$

Para cada operador **Â** existe

um conjunto

$$\{\vec{\nu_1}, \vec{\nu_2}, \ldots, \vec{\nu_n}\}$$

tal que cada vetor do

conjunto satisfaz [eq.03]:

$$\hat{A} \cdot \vec{\nu_i} = \lambda_i \cdot \vec{\nu_i}$$

$$\lambda_i \in \mathbb{C}$$

$$i = 1, 2, 3, \ldots, n$$

A equação acima é chamada

equação

de autovalor e autovetor.

Os vetores do conjunto

$$\{\vec{\nu_1}, \vec{\nu_2}, \ldots, \vec{\nu_n}\}$$

são chamados **autovetores**. Os

escalares do conjunto

$$\{\lambda_1, \lambda_2, \ldots, \lambda_n\}$$

são chamados **autovalores**.

O conjunto dos autovalores

λi também é chamado

espectro do operador **Â**.

Para cada autovalor corresponde

um autovetor e o número de pares

autovalor-autovetor é igual à

dimensão do espaço **E** onde o

operador $\hat{A}$ está definido.

Em geral, o espectro de um

operador $\hat{A}$ qualquer não é

contínuo, mas discreto. Encontrar os

autovetores e autovalores para

um dado operador $\hat{A}$ é o chamado

problema de autovalor e autovetor.

De antemão o problema de autovalor

e autovetor possui duas

características:

(1) $\vec{\nu}_i = \vec{0}$ satisfaz o problema

para

qualquer operador $\hat{A}$. Por isso,

o vetor nulo $\vec{0}$ não é considerado

uma resposta do problema.

(2) Se $\vec{\nu}_i$ satisfaz a equação de

autovalor e autovetor, então seu

múltiplo $c \cdot \vec{\nu}_i$ também é uma resposta

ao problema para qualquer $c \in \mathbb{C}$.

Enfim, a solução geral do problema

de autovalor e autovetor é bastante

simples. A saber:

$$\hat{A} \cdot \vec{\nu} = \lambda \cdot \vec{\nu}$$

$$\therefore \hat{A} \cdot \vec{\nu} = \hat{\lambda} \cdot \vec{\nu}$$

$$\therefore \{\hat{A} - \hat{\lambda}\} \cdot \vec{\nu} = \vec{0}$$

Onde:

$$\hat{\lambda} = \begin{bmatrix} \lambda & 0 & \cdots & 0 \\ 0 & \lambda & \cdots & 0 \\ \vdots & \vdots & \ddots & \vdots \\ 0 & 0 & \cdots & \lambda \end{bmatrix}$$

Como $\vec{\nu_i} = \vec{0}$

não pode ser considerado uma

solução do problema, é

necessário que:

$$det\{\hat{A} - \hat{\lambda}\} = 0$$

A equação acima é um polinômio de

grau n. Portanto, para qualquer

operador

$$\hat{A} : E \mapsto E$$

há n quantidades escalares

$$\lambda_i \in \mathbb{C}$$

distintas ou não tais que a equação de autovetor e autovalor é satisfeita.

Os autovetores correspondentes aos autovalores

$$\{\lambda_1, \lambda_2, \ldots, \lambda_n\}$$

de um operador $\hat{A}$ podem ser obtidos facilmente substituindo os autovalores um a um na [eq.03].

Para compreender o significado físico de toda essa representação matemática abstrata, considere o exemplo do operador de

Spin na direção z: $\hat{S}_z$.

Na mecânica quântica, cada partícula tem associada a si uma quantidade sem análogo clássico chamada spin ou momento angular intrínseco. O spin de uma partícula é representado como um vetor com projeções nos eixos x, y e z. A cada projeção do vetor spin :

$\vec{S}$ corresponde um operador:

$$\vec{S} = (\hat{S}_x, \hat{S}_y, \hat{S}_z)$$

O operador $\hat{S}_z$ é geralmente representado da seguinte forma:

$$\hat{S}_z = \hbar/2 \cdot \begin{bmatrix} 1 & 0 \\ 0 & -1 \end{bmatrix}$$

É possível resolver o problema de autovetor e autovalor para o operador $\hat{S}_z$. Nesse caso obtem-se:

$$det\left(\hat{S}_z - \hat{\lambda}\right) = 0$$

ou seja

$$det\left(\begin{bmatrix} \hbar/2 - \lambda & 0 \\ 0 & -\hbar/2 - \lambda \end{bmatrix}\right) = \left(\frac{\hbar}{2} - \lambda\right) \cdot \left(\frac{\hbar}{2} + \lambda\right) = 0$$

Portanto, os autovalores são

$$\frac{\hbar}{2} e^{-\frac{\hbar}{2}}.$$

A **história da mecânica quântica** começou essencialmente em 1838 com a descoberta dos raios catódicos por Michael Faraday, a enunciação em 1859 do problema da radiação de corpo negro por Gustavo Kirchhoff, a sugestão 1877 por Ludwig Boltzmann que os estados de energia de um sistema físico poderiam ser discretos, e a hipótese por Planck em 1900 de que toda a energia é irradiada e absorvida na forma de elementos discretos chamados *quanta*.

Segundo Planck, cada um desses quanta tem energia proporcional à frequência v da radiação eletromagnética emitida ou absorvida.

$$E = h\nu = \hbar\omega$$

Planck insistiu que este foi apenas um aspecto dos processos de absorção e emissão de radiação e não tinha nada a ver com a realidade física da radiação em si.[2] No entanto, naquele tempo isso parecia não explicar o efeito fotoelétrico (1839), ou seja, que a luz brilhante em certos materiais pode ejetar elétrons do material. Em 1905, baseando seu trabalho na hipótese quântica de Planck, Albert Einstein postulou que a própria luz é formada por quanta individuais.[3]

Em meados da década de 1920, a evolução da mecânica quântica rapidamente fez com que ela se tornasse a formulação padrão para a física atômica. No verão de 1925, Bohr e Heisenberg publicaram resultados que fechavam a "Antiga teoria quântica". Quanta de luz vieram a ser chamados fótons (1926). Da simples postulação de Einstein nasceu uma enxurrada de debates, teorias e testes e, então, todo o campo da física quântica, levando à sua maior aceitação na quinta Conferência de Solvay em 1927.

Na mecânica quântica, o **estado de um sistema físico** é definido pelo conjunto de todas as informações que podem ser extraídas desse sistema ao se efetuar alguma medida.

Na mecânica quântica, todos os estados são representados por vetores em um espaço vetorial complexo: o Espaço de Hilbert H. Assim, cada vetor no espaço H representa um estado que poderia ser ocupado pelo sistema. Portanto, dados dois estados quaisquer, a soma algébrica (superposição) deles também é um estado.

Como a norma dos vetores de estado não possui significado físico, todos os vetores de estado são preferencialmente normalizados. Na notação de Dirac, os vetores de estado são chamados "Kets" e são representados como aparece a seguir:

$$| \psi \rangle$$

Usualmente, na matemática, são chamados funcionais todas as funções lineares que associam vetores de um espaço vetorial qualquer a um escalar. É sabido que os funcionais dos vetores de um espaço também formam um espaço, que é chamado espaço dual. Na notação de Dirac, os funcionais - elementos do Espaço Dual - são chamados "Bras" e são representados como aparece a seguir:

$\langle \psi \mid$

- **Segundo princípio: Medida de grandezas físicas**

a) Para toda grandeza física A é associado um operador linear auto-adjunto $\hat{A}$ pertencente a A: $\hat{A}$ é o *observável* (autovalor do operador) representando a grandeza A.

b) Seja $|\psi(t)\rangle$ o estado no qual o sistema se encontra no momento onde efetuamos a medida de A. Qualquer que seja $|\psi(t)\rangle$, os únicos resultados possíveis são os autovalores de $a\alpha$ do observável $\hat{A}$.

c) Sendo $\hat{A}_\alpha$ o projetor sobre o subespaço associado ao valor próprio $a\alpha$, a probablidade de encontrar o valor *aα* em uma medida de *A* é:

$$\mathcal{P}(a_\alpha) = \|\psi_\alpha\|^2 \text{onde} |\psi_\alpha\rangle = \hat{A}_\alpha$$

d) Imediatamente após uma medida de *A*, que resultou no valor *aα*, o novo estado $|\psi'\rangle$ do sistema é

$$|\psi'\rangle = |\psi_\alpha\rangle / \|\psi_\alpha\|^2$$

- **Terceiro princípio: Evolução do sistema**

Seja $|\psi(t)\rangle$ o estado de um sistema ao instante *t*. Se o sistema não é submetido a nenhuma observação, sua evolução, ao longo do tempo, é regida pela equação de Schrödinger:

$$i\hbar \frac{d}{dt}|\psi(t)\rangle = \hat{H}|\psi(t)\rangle$$

onde $\hat{H}$ é o hamiltoniano do sistema.

As conclusões mais importantes são:

- Em estados ligados, como o elétron girando ao redor do núcleo de um átomo, a energia não se troca de modo contínuo, mas sim de modo discreto (descontínuo), em transições cujas energias podem ou não ser iguais umas às outras. A idéia de que estados ligados têm níveis de energias discretas é devida a Max Planck.

- O fato de ser impossível atribuir *ao mesmo tempo* uma posição e um momento exatas a uma partícula, renunciando-se assim ao conceito de trajetória, vital em Mecânica

Clássica. Em vez de trajetória, o movimento de partículas em Mecânica Quântica é descrito por meio de uma função de onda, que é uma função da posição da partícula e do tempo. A função de onda é interpretada por Max Born como uma medida da **probabilidade** de se encontrar a partícula em determinada posição e em determinado tempo. Esta interpretação é a mais aceita pelos físicos hoje, no conjunto de atribuições da Mecânica Quântica regulamentados pela Escola de Copenhagen. Para descrever a dinâmica de um sistema quântico deve-se, portanto, achar sua função de onda, e para este efeito usam-se as equações de movimento, propostas por Werner Heisenberg e Erwin Schrödinger independentemente.

Apesar de ter sua estrutura formal basicamente pronta desde a década de 1930, a interpretação da Mecânica Quântica foi objeto de estudos por várias décadas. O principal é o problema da medição em Mecânica Quântica e sua relação com a não-localidade e causalidade. Já em 1935, Einstein, Podolski e Rosen publicaram seu **Gedankenexperiment**, mostrando uma aparente contradição entre localidade e o processo de Medida em Mecânica Quântica.

Nos anos 60 J. S. Bell publicou uma série de relações que seriam respeitadas caso a localidade — ou pelo menos como a entendemos classicamente — ainda persistisse em sistemas quânticos. Tais condições são chamadas desigualdades de Bell e foram testadas experimentalmente por Alain Aspect, P. Grangier, Jean Dalibard em favor da Mecânica Quântica.

Como seria de se esperar, tal interpretação ainda causa desconforto entre vários físicos, mas a grande parte da comunidade aceita que estados correlacionados podem violar causalidade desta forma.

Tal revisão radical do nosso conceito de realidade foi fundamentada em explicações teóricas brilhantes para resultados experimentais que não podiam ser descritos pela teoria clássica, e que incluem:

- Espectro de Radiação do Corpo negro, resolvido por Max Planck com a proposição da quantização da energia.

- Explicação do experimento da dupla fenda, no qual eléctrons produzem um padrão de interferência condizente com o comportamento ondular.

- Explicação por Albert Einstein do efeito fotoelétrico descoberto por

Heinrich Hertz, onde propõe que a luz também se propaga em *quanta* (pacotes de energia definida), os chamados fótons.

- O Efeito Compton, no qual se propõe que os fótons podem se comportar como partículas, quando sua energia for grande o bastante.

- A questão do calor específico de sólidos sob baixas temperaturas, cuja discrepância foi explicada pelas teorias de Einstein e de Debye, baseadas na equipartição de energia segundo a interpretação quantizada de Planck.

- A absorção ressonante e discreta de energia por gases, provada no experimento de Franck-Hertz quando submetidos a certos valores de diferença de potencial elétrico.

- A explicação da estabilidade atômica e da natureza discreta das raias espectrais, graças ao modelo do átomo de Bohr, que postulava a quantização dos níveis de energia do átomo.

O desenvolvimento formal da teoria foi obra de esforços conjuntos de muitos físicos e matemáticos da época como Erwin Schrödinger, Werner Heisenberg, Einstein, P.A.M. Dirac, Niels Bohr e John von Neumann, entre outros (de uma longa lista).

Referências

1. ↑ Greiner, Walter; Müller, Berndt (1994), *Quantum Mechanics Symmetries, Second Edition, cap. 2,*, Springer-Verlag, p. 52, ISBN 3-540-58080-8, http://books.google.com/books?id=gCfvWx6vuzUC&pg=PA52

2. ↑ T.S. Kuhn, *Black-body theory and the quantum discontinuity 1894-1912*, Clarendon Press, Oxford, 1978.

3. ↑ A. Einstein, *Über einen die Erzeugung und Verwandlung des Lichtes betreffenden heuristischen Gesichtspunkt (Um ponto de vista heurístico a respeito da produção e transformação da luz)*, Annalen der

Physik **17** (1905) 132-148 (reimpresso em *The collected papers of Albert Einstein,* John Stachel, editor, Princeton University Press, 1989, Vol. 2, pp. 149-166, em alemão; ver também *Einstein's early work on the quantum hypothesis,* ibid. pp. 134-148).

Bibliografia

- Mehra, J.; Rechenberg, H.. *The historical development of quantum theory* (em inglês). [S.l.]: Springer-Verlag, 1982.

- Kuhn, T.S.. *Black-body theory and the quantum discontinuity 1894-1912* (em inglês). Oxford: Clarendon Press, 1978. *Nota: O "Princípio da Incerteza" de Heisenberg é parte central dessa teoria e daí nasceu a famosa equação de densidade de probalidade de Schrödinger.*

Paradoxo EPR

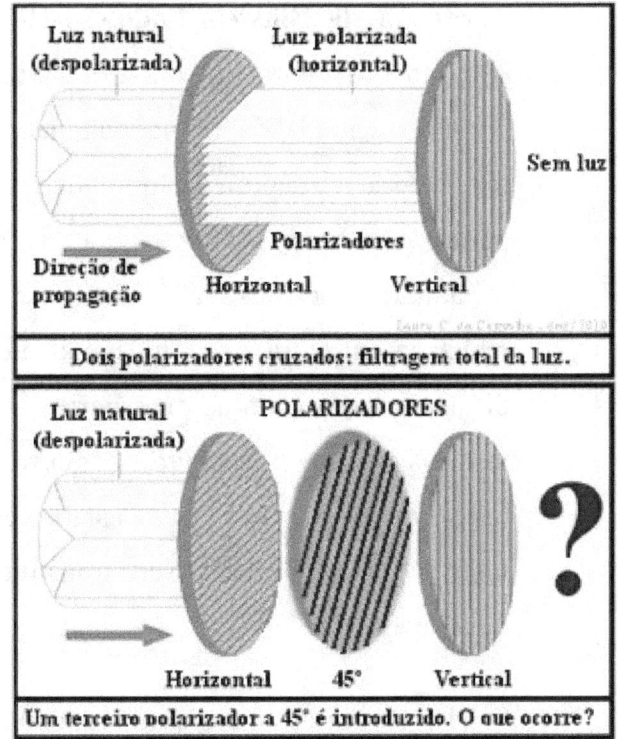

Luz natural (despolarizada) | Luz polarizada (horizontal) | Sem luz

Direção de propagação | Horizontal | Vertical | Polarizadores

Dois polarizadores cruzados: filtragem total da luz.

Luz natural (despolarizada) | POLARIZADORES

Horizontal | 45° | Vertical

Um terceiro polarizador a 45° é introduzido. O que ocorre?

Polarizadores cruzados. No primeiro caso, luz não polarizada é direcionada sobre dois polarizadores com eixos de polarização cruzados. Nenhuma luz atravessa os dois. Inserindo-se um terceiro polarizador com o eixo de polarização a 45º, o que obtém-se? Com certas considerações, esta questão remete ao mesmo problema da realidade adjacente a um estado emaranhado na mecânica quântica. Assumindo-se uma postura realista, não espera-se que luz atravessasse os três polarizadores. Entretanto a experiência fornece resultado contraditório.

Na mecânica quântica, o **paradoxo EPR** ou **Paradoxo de Einstein-Podolsky-Rosen** é um experimento mental que questiona a natureza da previsão oriunda da teoria quântica de que o resultado de uma medição realizada em uma parte do sistema quântico pode ter um efeito instantâneo no resultado de uma medição realizada em outra parte, independentemente da distância que separa as duas partes. A primeira vista isto vai de encontro aos princípios da relatividade especial, que estabelece que a informação não pode ser transmitida mais rapidamente que a velocidade da luz[Nota 1][1].

O EPR surgiu em meio a um contexto histórico onde buscava-se, em vista das predições da mecânica quântica, a compreensão da realidade adjacente a uma partícula descrita por um estado emaranhado. Havia três correntes quanto à questão: a realista, que dava existência real à partícula mesmo quando esta encontra-se descrita pelo estado emaranhado - imediatamente antes da realização de uma medida e do colapso da função de onda, portanto [Nota 2]; a ortodoxa, que afirmava não havia uma realidade adjacente ao estado emaranhado, estando a partícula simultaneamente em todos os estados do emaranhamento até o ato da medida - da redução da função de onda - que obrigava a partícula a "decidir-se" por um estado específico [Nota 3], e a agnóstica, que recusava-se a apresentar uma resposta ao impasse [Nota 4] .

"EPR" vem das iniciais de Albert Einstein, Boris Podolsky, e Nathan Rosen, os três defensores do ponto de vista realista que apresentaram este experimento mental em um trabalho em 1935 no intuito de demonstrar que a mecânica quântica não é uma teoria física completa, faltando à função de onda que descreve o estado emaranhado o que eles chamaram de "variáveis ocultas" - com as quais seria possível restaurar-se a explicação estritamente realista que defendiam. É algumas vezes denominado como **paradoxo EPRB** devido a David Bohm, que converteu o experimento mental inicial em algo próximo a um experimento viável.

O EPR é um paradoxo no seguinte sentido: tomando-se a mecânica quântica e a ela adicionando-se uma condição aparentemente razoável - tal como "localidade", "realismo" ou "inteireza" - presentes em outras teorias como a clássica ou relativística, obtém-se uma contradição. Porém, a mecânica quântica por si só não apresenta nenhuma inconsistência interna, tão pouco deixa indícios de como estas poderiam sugerir; também não contradiz a teoria relativística ou mesmo a mecânica clássica; e mais, implica esta última no limite macroscópico - quando tem-se agregados de numerosas partículas.

Como um resultado de desenvolvimentos teóricos e experimentais seguintes ao trabalho original da EPR - a destacar o Teorema de Bell e os resultados experimentais oriundos da investigação deste - demonstrou-se que se a visão realista estivesse correta ela implicaria não apenas a mecânica quântica como uma teoria incompleta mas sim como um teoria completamente incorreta, e por outro lado, se a mecânica quântica estivesse correta, então nenhuma variável oculta seria capaz de salvar a teoria da não-localidade que Einstein considerava tão absurda. Com a posição agnóstica inviabilizada, restava decidir-se pela posição realista ou ortodoxa.

Em vistas dos resultados experimentais oriundos, entre outros, de investigações quanto à desigualdade de Bell, a maioria dos físicos atuais concorda que o paradoxo EPR é decidido a favor de que tanto a mecânica quântica quanto a essência da natureza em si estão além dos limites da Física Clássica e da Relatividade Restrita; e não a favor de que teoria quântica seja uma teoria incompleta, falha ou mesmo incompatível com a descrição da natureza em sua essência mais profunda.

Os dados experimentais até o momento decidem a favor da compreensão ortodoxa do estado emaranhado (a chamada interpretação de Copenhagen), portanto. Razoável esforço da comunidade de físicos tem sido despendido desde então no intuito de elaborar-se uma teoria quanto-relativística que possibilite uma descrição mais acurada da natureza do que a fornecida pelas duas teorias quando em suas formas independentes.

Descrição do paradoxo

O paradoxo EPR apóia-se nos postulados da relatividade e em um fenômeno predito pela mecânica quântica e conhecido como entrelaçamento quântico, que mostra que medições realizadas em partes separadas de um sistema quântico influenciam-se mutuamente. Este efeito é atualmente conhecido como "comportamento não local" (ou, coloquialmente, como "estranheza quântica"). De forma a ilustrar isto, considere a seguinte versão simplificada do experimento mental EPR devido a Bohm.

Medições em um estado de entrelaçamento

Tem-se uma fonte emissora de pares de elétrons, com um elétron enviado para o destino A, onde existe uma observadora chamada Alice, e outro enviado para o destino B, onde existe um observador chamado Bob. De acordo com a mecânica quântica, podemos arranjar nossa fonte de forma tal que cada par de elétrons emitido ocupe um estado quântico conhecido como spin singlet. Isto pode ser visto como uma superposição quântica de dois estados; sejam eles I e II. No estado I, o elétron A tem spin apontado para cima ao longo do eixo z ($+z$) e o elétron B tem seu spin apontando para baixo ao longo do mesmo eixo ($-z$). No estado II, o elétron A tem spin $-z$ e o elétron B, $+z$. Portanto, é impossível associar qualquer um dos elétrons em um spin singlet, com um estado definido de spin. Os elétrons estão, portanto, no chamado entrelaçamento.

Alice mede neste momento o spin no eixo z. Ela pode obter duas possíveis respostas: $+z$ ou $-z$. Suponha que ela obteve $+z$. De acordo com a mecânica quântica, o estado quântico do sistema colapsou para o estado I. (Diferentes interpretações da mecânica quântica têm diferentes formas de dizer isto, mas o resultado básico é o mesmo). O estado quântico determina a probabilidade das respostas de qualquer medição realizada no sistema. Neste caso, se Bob a seguir medir o spin no eixo z, ele obterá -z com 100% de certeza. Similarmente, se Alice obtiver -z, Bob terá +z.

Não há, certamente, nada de especial quanto à escolha do eixo z. Por exemplo, suponha que Alice e Bob agora decidam medir o spin no eixo x. De acordo com a mecânica quântica, o estado do spin singlet deve estar exprimido igualmente bem como uma superposição dos estados de spin orientados na direção x. Chamemos tais estados de Ia e IIa. No estado Ia, o elétron de Alice tem o spin $+x$ e o de Bob, $-x$. No estado IIa, o elétron de Alice tem spin $-x$ e o de Bob, $+x$. Portanto, se Alice mede $+x$, o sistema colapsa para Ia e Bob obterá $-x$. Por outro lado, se Alice medir $-x$, o sistema colapsa para IIa e Bob obterá $+x$.

Em mecânica quântica, o spin x e o spin z são "observáveis incompatíveis", que significa que há um principio da incerteza de Heisenberg operando entre eles: um estado quântico não pode possuir um valor definido para ambas as variáveis. Suponha que Alice meça o spin z e obtenha $+z$, com o estado quântico colapsando para o estado I. Agora, ao invés de medir o spin z também, suponha que Bob meça o spin x. De acordo com a mecânica quântica, quando o sistema está no estado I, a medição do spin x de Bob terá uma probabilidade de 50% de produzir $+x$ e 50% de $-x$. Além disso, é fundamentalmente impossível predizer qual resultado será obtido até o momento que Bob realize a medição.

Incidentalmente, embora tenhamos usado o spin como exemplo, muitos tipos de quantidades físicas — que a mecânica quântica denomina como "observáveis" — podem ser usados para produzir entrelaçamento quântico. O artigo original de EPR usou o momento como observável. Experimentos atuais abordando o contexto de EPR frequentemente usam a polarização de fótons, porque são experiências mais fáceis de se preparar e medir.

Realidade e integridade

Introduziremos agora dois novos conceitos usados por Einstein, Podolsky, e Rosen, que são cruciais em seu ataque à mecânica quântica: (i) os *elementos da realidade física* e (ii) a *integridade de uma teoria física.*

Os autores não se referem diretamente ao significado filosófico de um "elemento da realidade física". Ao invés disso, assumem que *se* o valor de qualquer quantidade física de um sistema pode ser predito com absoluta certeza antes de se realizar uma medição ou, em outras palavras, perturbando-o, então tal valor corresponde a um elemento da realidade física. Note que o oposto não é necessariamente verdadeiro; poderia haver outros caminhos para existir elementos da realidade física, mas isto não afeta o argumento.

A seguir, EPR definiu uma "teoria física completa" como aquela na qual cada elemento da realidade física tem relevância. O objetivo deste artigo era mostrar, usando estas duas definições, que a mecânica quântica não é uma teoria física completa.

Vejamos como estes conceitos se aplicam para o experimento mental acima. Suponha que Alice decida medir o valor do spin no eixo z (chamemo-no de spin z.) Depois de Alice realizar sua medição, o spin z do elétron de Bob é definitivamente conhecido, de forma que torna-se um elemento da realidade física. De modo similar, se Alice decide medir o spin no eixo x, o spin x do elétron de Bob torna-se um elemento da realidade física logo após a medição por Alice.

Vimos que um estado quântico não pode possuir um valor definido para ambos eixos, x e z. Se a mecânica quântica é uma teoria física completa no sentido dado acima, os spin x e z não podem ser elementos da mesma realidade ao mesmo tempo. Isto significa que a decisão de Alice — de escolher se faz a medição no eixo x ou z — tem um efeito instantâneo nos elementos da realidade física na localidade de Bob. Contudo, isto viola outro princípio, o da *localidade*.

Localidade no experimento EPR

O princípio da localidade estabelece que processos físicos ocorrendo em um determinado lugar não devem ter um efeito imediato em elementos da realidade em outro local. À primeira vista, isto parece ser uma presunção aceitável, já que parece ser uma conseqüência da relatividade especial, que estabelece que a informação nunca pode ser transmitida mais rapidamente que a velocidade da luz sem violar o princípio da causalidade. É uma crença geral que qualquer teoria que viole o princípio da causalidade deve possuir uma inconsistência interna.

Ou seja, a mecânica quântica viola o princípio da localidade, mas não o princípio da causalidade.

A causalidade é preservada porque não há forma de Alice transmitir mensagens (isto é, informação) a Bob pela interferência na escolha do eixo.

Qualquer que seja o eixo que ela use, a probabilidade é de 50% de se obter "+" e 50% de se obter "-", de forma completamente aleatória; de acordo com a mecânica quântica, é fundamentalmente impossível para ela influenciar o resultado que ela obterá.

Além disso, Bob é somente capaz de realizar sua medição uma única vez: há uma propriedade fundamental da mecânica quântica, conhecida como o "teorema anticlonagem", que torna impossível a Bob fazer um milhão de cópias do elétron por ele recebido, realizar uma medição de spin em cada elétron, e estudar a distribuição estatística dos resultados.

Portanto, na única medição que lhe é permitido fazer, há uma probabilidade de 50% de obter

"+" e 50% de "-", independente se o eixo escolhido está alinhado de acordo com o de Alice.

Porém, o princípio da localidade apóia-se muito na intuição, e Einstein, Podolsky e Rosen não puderam abandoná-la. Einstein brincou, dizendo que as predições na mecânica quântica eram "estranhas ações a distância". A conclusão que eles esboçaram era a de que a mecânica quântica não é uma teoria completa.

Deve-se notar que a palavra localidade tem vários significados na Física. Por exemplo, na teoria quântica de campo, "localidade" significa que os campos quânticos em diferentes pontos no espaço não interagem entre si. Porém, teorias de campo quântico que são "locais" neste sentido violam o princípio da localidade como definido por EPR.

Resolvendo o paradoxo

Variáveis ocultas

Há vários possíveis caminhos para se resolver o paradoxo EPR. Um deles, sugerido por EPR, é que a mecânica quântica, a despeito do seu sucesso em uma ampla variedade de contextos experimentais, é ainda uma teoria incompleta.

Em outras palavras, há ainda uma teoria natural a ser desvendada, à qual a mecânica quântica age no papel de uma aproximação estatística (uma excelente aproximação, sem dúvida).

Diferentemente da mecânica quântica, esta teoria mais completa conteria variáveis correspondentes a todos os "elementos da realidade".

Deve haver algum mecanismo desconhecido atuando nestas variáveis de modo a ocasionar os efeitos observados de "não-comutação dos observáveis quânticos", isto é, o princípio da incerteza de Heisenberg. Tal teoria é conhecida como teoria das variáveis ocultas.

Para ilustrar esta idéia, podemos formular uma teoria de variável oculta bem simples para o experimento mental anterior.

Supõe-se que o estado do spin singlet emitido pela fonte é na verdade uma descrição aproximada do "verdadeiro" estado físico, com valores definidos para o spin z e o spin x. Neste estado "verdadeiro", o elétron que vai para Bob sempre tem valor de spin oposto ao do elétron que vai para Alice, mas, por outro lado, os valores são completamente aleatórios.

Por exemplo, o primeiro par emitido pela fonte poderia ser "*(+z, -x)* para Alice e *(-z, +x)* para Bob", o próximo par "*(-z, -x)* para Alice e *(+z, +x)* para Bob", e assim por diante.

Dessa forma, se o eixo de medição de Bob estiver alinhado com o de Alice, ele necessariamente obterá sempre o oposto daquilo que Alice obtiver; por outro lado, ele terá "+" e "-" com a mesma probabilidade.

Assumindo que restrinjamo-nos a medir nos eixos z e x, a teoria de variáveis ocultas é experimentalmente indistinguível da mecânica quântica.

Na realidade, certamente, há um (incontável) número de eixos nos quais Alice e Bob podem realizar suas medições, de forma que haverá infinito número de variáveis ocultas independentes!

Contudo, isto não é um problema sério; apenas formulamos uma teoria de variáveis ocultas muito simplista; uma teoria mais sofisticada poderia "consertá-la". Ou seja, ainda há um grande desafio por vir à idéia de variáveis ocultas.

Desigualdade de Bell

Em 1964, John Bell mostrou que as predições da mecânica quântica no experimento mental de EPR são sempre ligeiramente diferentes das predições de uma grande parte das teorias de variáveis ocultas.

Grosseiramente falando, a mecânica quântica prediz uma correlação estatística ligeiramente mais forte entre os resultados obtidos em diferentes eixos do que o obtido pelas teorias de variáveis ocultas.

Estas diferenças, expressas através de relações de desigualdades conhecidas como "desigualdades de Bell", são em princípio detectáveis experimentalmente.

Para uma análise mais detalhada deste estudo, veja teorema de Bell.

Depois da publicação do trabalho de Bell, inúmeros experimentos foram idealizados para testar as desigualdades de Bell. (Como mencionado acima, estes experimentos geralmente baseiam-se na medição da polarização de fótons).

Todos os experimentos feitos até hoje encontraram comportamento similar às predições obtidas da mecânica quântica padrão.

Porém, este campo ainda não está completamente definido.

Antes de mais nada, o teorema de Bell não se aplica a todas as possíveis teorias "realistas".

É possível construir uma teoria que escape de suas implicações e que são, portanto, indistinguíveis da mecânica quântica; porém, estas teorias são geralmente *não-locais* — parecem violar a casualidade e as regras da relatividade especial.

Alguns estudiosos neste campo têm tentado formular teorias de variáveis ocultas que exploram brechas nos experimentos atuais, tais como brechas nas hipóteses feitas para a interpretação dos dados experimentais.

Todavia, ninguém ainda conseguiu formular uma teoria realista localmente que possa reproduzir todos os resultados da mecânica quântica.

Implicações para a mecânica quântica

A maioria dos físicos atualmente acredita que a mecânica quântica é correta, e que o paradoxo EPR é somente um "paradoxo" porque a intuição clássica não corresponde à realidade física.

Várias conclusões diferentes podem ser esboçadas a partir desta, dependendo de qual interpretação de mecânica quântica se use.

Na velha interpretação de Copenhague, conclui-se que o principio da localidade não se aplica e que realmente ocorrem colapsos da função de onda.

Na interpretação de muitos mundos, a localidade é preservada, e os efeitos da medição surgem da separação dos observadores em diferentes "históricos".

O paradoxo EPR aprofundou a nossa compreensão da mecânica quântica pela exposição de características não-clássicas do processo de medição.

Antes da publicação do paradoxo EPR, uma medição era freqüentemente visualizada como uma perturbação física que afetava diretamente o sistema sob medição.

Por exemplo, quando se media a posição de um elétron, imaginava-se o disparo de uma luz nele, que afetava o elétron e que produzia incertezas quanto a sua posição.

Tais explicações, que ainda são encontradas em explicações populares de mecânica quântica, foram revisadas pelo paradoxo EPR, o qual mostra que uma "medição" pode ser realizada em uma partícula sem perturbá-la diretamente, pela realização da medição em uma partícula entrelaçada distante.

Tecnologias baseadas no entrelaçamento quântico estão atualmente em desenvolvimento.

Na criptografia quântica, partículas entrelaçadas são usadas para transmitir sinais que não podem ser vazados sem deixar traços.

Na computação quântica, partículas entrelaçadas são usadas para realizar cálculos em paralelo em computadores, o que permite que certos cálculos sejam realizados mais rapidamente do que um computador clássico jamais poderia fazer.

Notas

1. ↑ Em verdade a mecânica quântica não implica violação dos princípios da relatividade mesmo no caso do EPR visto que "Influências causais [subentendido aqui informação que estabeleça relação de causa e efeito, energia ou mesmo matéria] não podem propagar-se mais rápido que a velocidade da luz", mesmo no âmbito da mecânica quântica. Para maiores informações, vide: Griffith, David J. - Introduction to Quantum Mechanics - pág.: 381, entre outras.

2. ↑ Conforme Espagnant colocou: " a posição [no contexto o estado] da partícula nunca foi indeterminado, mas sim apenas desconhecido pelo experimentador."

3. ↑ Nas palavras de Jordan: "A observação não apenas distorce o que está a se medir, ela produz o que se está a medir... Nós compelimos a partícula a assumir uma posição definitiva [entende-se no contexto um estado específico do emaranhamento]."

4. ↑ Nas palavras de Pauli: "Não se deve queimar a cabeça se algo sobre o qual não se pode saber nada a respeito existe sempre." Para maiores detalhes quanto às citações consulte: Griffith, David J. - Introduction to Quantum Mechanics -pág.: 4, entre outras.

Referências

1. ↑ Griffitsh, David J. - Introduction to Quantum
    Mechanics - Printice Hall - 1994 - ISBN 0-13-124405-
    1.

Bibliografía seleccionada

- A. Aspect, *Bell's inequality test: more ideal than ever*, Nature **398** 189 (1999). [1]

- J.S. Bell *On the Einstein-Poldolsky-Rosen paradox*, Physics **1** 195 (1964).

- J.S. Bell, *Bertlmann's Socks and the Nature of Reality*. Journal de Physique **42** (1981).

- P.H. Eberhard, *Bell's theorem without hidden variables*. Nuovo Cimento **38B1** 75 (1977).

- P.H. Eberhard, *Bell's theorem and the different concepts of locality*. Nuovo Cimento **46B** 392 (1978).

- A. Einstein, B. Podolsky, and N. Rosen, *Can quantum-mechanical description of physical reality be considered complete?* Phys. Rev. **47** 777 (1935). [2]

- A. Fine, *Hidden Variables, Joint Probability, and the Bell Inequalities*. Phys. Rev. Lett 48, 291 (1982).

- A. Fine, *Do Correlations need to be explained?*, in *Philosophical Consequences of Quantum Theory: Reflections on Bell's Theorem*, edited by Cushing & McMullin (University of Notre Dame Press, 1986).

- L. Hardy, *Nonlocality for 2 particles without inequalities for almost all entangled states*. Phys. Rev. Lett. **71** 1665 (1993).

- M. Mizuki, *A classical interpretation of Bell's inequality*. Annales de la Fondation Louis de Broglie **26** 683 (2001).

Livros

- J.S. Bell, *Speakable and Unspeakable in Quantum Mechanics* (Cambridge University Press, 1987). ISBN 0-521-36869-3

- J.J. Sakurai, *Modern Quantum Mechanics* (Addison-Wesley, 1994), pp. 174–187, 223-232. ISBN 0-201-53929-2

- F. Selleri, *Quantum Mechanics Versus Local Realism: The Einstein-Podolsky-Rosen Paradox* (Plenum Press, New York, 1988)

Ligações externas

- A. Fine, *The Einstein-Podolsky-Rosen Argument in Quantum Theory*
- Abner Shimony, *Bell's Theorem* (2004)
- EPR, Bell & Aspect: The Original References
- Does Bell's Inequality Principle rule out local theories of quantum mechanics? From the Usenet Physics FAQ.

Obtida de
"http://pt.wikipedia.org/w/index.php?title=Paradoxo_EPR&oldid=26431486"

Interpretação de Copenhaga

A **Interpretação de Copenhague** (português brasileiro) ou **Interpretação de Copenhaga** (português europeu) é a interpretação mais comum da Mecânica Quântica e foi desenvolvida por Niels Bohr e Werner Heisenberg que trabalhavam juntos em Copenhague em 1927. Pode ser condensada em três teses:

1. As previsões probabilísticas feitas pela mecânica quântica são irredutíveis no sentido em que não são um mero reflexo da falta de conhecimento de hipotéticas variáveis escondidas. No lançamento de dados, usamos probabilidades para prever o resultado porque não possuímos informação suficiente apesar de acreditarmos que o processo é determinístico. As probabilidades são utilizadas para completar o nosso conhecimento. A interpretação de Copenhague defende que em Mecânica Quântica, os resultados são indeterminísticos.

2. A Física é a ciência dos resultados de processos de medida. Não faz sentido especular para além daquilo que pode ser medido. A interpretação de Copenhague considera sem sentido perguntas

como "onde estava a partícula antes de a sua posição ter sido medida?".

3. O ato de observar provoca o "colapso da função de onda", o que significa que, embora antes da medição o estado do sistema permitisse muitas possibilidades, apenas uma delas foi escolhida aleatoriamente pelo processo de medição, e a função de onda modifica-se instantaneamente para refletir essa escolha.

A complexidade da mecânica quântica (tese 1) foi atacada pela experiência (imaginária) de Einstein-Podolsky-Rosen, que pretendia mostrar que têm que existir variáveis escondidas para evitar "efeitos não locais e instantâneos à distância".

A desigualdade de Bell sobre os resultados de uma tal experiência foi derivada do pressuposto de que existem variáveis escondidas e não existem "efeitos não-locais".

Em 1982, Aspect levou a cabo a experiência e descobriu que a desigualdade de Bell era violada, rejeitando interpretações que postulavam variáveis escondidas e efeitos locais.

Esta experiência foi alvo de várias críticas e novas experiências realizadas por Weihs e Rowe confirmaram os resultados de Aspect.

Muitos físicos e filósofos notáveis têm criticado a **Interpretação de Copenhague**, com base quer no fato de não ser determinista quer no fato de propor que a realidade é criada por um processo de observação não físico.

As frases de Einstein "Deus não joga aos dados" e "Pensas mesmo que a Lua não está lá quando não estás a olhar para ela?" ilustram a posição dos críticos.

A experiência do Gato de Schroedinger foi proposta para mostrar que a Interpretação de Copenhague é absurda.

A alternativa principal à Interpretação de Copenhague é a Interpretação de Everett dos mundos paralelos.

Referências

- Physics FAQ section about Bell's inequality
- G. Weihs et al., Phys. Rev. Lett. 81 (1998) 5039
- M. Rowe et al., Nature 409 (2001) 791.

- **Minha Teoria sobre o TEMPO**
  (Roberto da Silva Rocha)

Com as vênias de: Schrödinger, Dirac, Einstein, Heisenberg, Mach, Planck, Bohr, e de Laue.

Minha nova interpretação para o paradoxo EPR acabou gerando uma nova concepção teórica, um constructo hipotético sobre o fenômeno da temporalidade.

Parece-me que esta nova explicação para o fenômeno do tempo poderia contemplar este paradoxo EPR e nos leva à tentação de explicar muito mais do que parece ser possível na Física Quântica.

Hipótese:

A hipótese que pretendo examinar pode ser declarada nos seguintes termos:

Corolário nº 1

A equação do tempo $T = 1/F$, onde T é o período de onda e F é a freqüência fundamental da onda.

Consequencia do Corolário nº 1 é que:

O tempo é inversamente proporcional à magnitude escalar da Frequência

Corolário nº 2

A velocidade da Luz em uma freqüência típica do espectro eletromagnético visível estabelece um operador para as operações de transformações aplicadas sobre outros fenômenos quânticos de maneira que o T, período, aproxima-se de zero de tal forma que pode ser considerado o limite temporal superior, acima do qual o tempo começaria a ser negativo (regressivo).

Corolário nº 3

Cada sistema possui o seu próprio período, vale dizer, o seu próprio tempo.

Consequência do corolário nº 3:

Um supersistema constituído de subsistemas menores teria várias operações de tempo, vale dizer, superposições temporais entrelaçadas e independentes.

Corolário n º 4

1. O pico e o vale da forma de onda senoidal representam os estados de energia pura;

2. Entre o pico e o vale a matéria se transduz da energia e vice-versa;

3. Assim, existem dois estados da frequência:

a) matéria;

b) Energia.

4. O tempo também é quantizado;

5. O tempo é fracionado (quantizado) entre os estados de energia (pico e vale) da onda senoidal;

6. O tempo é nulo dos estados de energia pura (no pico e no vale da forma de onda senoidal);

7. O fóton surge com testemunha da passagem do estado de energia do pico para o vale e do vale para o pico na onda senoidal;

8. A menor fração de tempo conhecida e verificável (quanta) é a

transição do fóton para a energia e da energia para o fóton;

Conclusões:

O caso do gato de Schrödinger

Ao observar a roda do automóvel em movimento de rotação, um observador estacionário em relação ao pneu não conseguiria ler o que está escrito na banda de rodagem externa. Com o auxílio de uma câmara de fotografia de alta velocidade do obturador ele poderia parar o tempo do pneu e ler o que está ali escrito, dependendo da velocidade do obturador da máquina fotográfica, sem borrão.

Quando um observador abre a caixa, o seu tempo se entrelaça com tempo do gato, então, as opiniões dos observadores do gato sobre ele estar vivo ou morto são formadas e cada um dos observadores não tem interação com o outro observador por que os relógios dos dois observadores ainda não foram sincronizados.

O mesmo mecanismo de incoerência quântica é também importante para a interpretação em termos das Histórias consistentes. São histórias com contagens de tempo diferentes entre si, até que os tempos se entrelacem.

Apenas "gato morto" ou "gato vivo" pode ser parte de uma história consistente nessa interpretação de sincronismo, por que os eventos estão separados pelo tempo, e o observador apenas consegue um sincronismo: com o tempo do gato vivo ou com o tempo do gato morto.

Tem-se uma fonte emissora de pares de elétrons, com um elétron enviado para o destino A, onde existe uma observadora chamada

Alice, e outro enviado para o destino B, onde existe um observador chamado Bob.

De acordo com a mecânica quântica, podemos arranjar nossa fonte de forma tal que cada par de elétrons emitido ocupe um estado quântico conhecido como spin singlet.

Daí já podemos distinguir algumas situações quânticas de funções de onda, e na perspectiva temporal cada spin cada translação representa na função de onda um determinado relógio, dado pelo período de cada elétron, dado pela relação entre a frequência e o período, (t = 1/f)), logo teremos de sincronizar em algum momento da observação os tempos dos elétrons respectivos e autônomos, pois que ainda não interagiram com a observação.

No momento da observação se dará o colapso temporal então da sincronização será verificado o estado dos spins de cada um.

Isto pode ser visto como uma superposição quântica de dois estados; sejam eles I e II. No estado I, o elétron A tem spin apontado para cima ao longo do eixo z (+z) e o elétron B tem seu spin apontando para baixo ao longo do mesmo eixo (-z), dado pela disposição temporal de seus respectivos relógios. No estado II, o elétron A tem spin -z e o elétron B, +z.

Portanto, é impossível associar qualquer um dos elétrons em um spin singlet, com um estado definido de spin.

Os elétrons estão, portanto, no chamado entrelaçamento, dado pela sincronização temporal causada pelo efeito da observação.

Alice mede neste momento o spin no eixo z. Ela pode obter duas possíveis respostas: +z ou -z. Suponha que ela obteve +z. De acordo com a mecânica quântica, o estado quântico do sistema colapsou temporalmente para o estado I. (Diferentes interpretações da mecânica quântica têm diferentes formas de dizer isto, mas o resultado básico é o mesmo).

O estado quântico determina a probabilidade das respostas de qualquer medição realizada no sistema. Neste caso, se Bob a seguir medir o spin no eixo z, ele obterá -z com 100% de certeza. Similarmente, se Alice obtiver -z, Bob terá +z.

Não há, certamente, nada de especial quanto à escolha do eixo z. Por exemplo, suponha que Alice e Bob agora decidam medir o spin no eixo x. De acordo com a mecânica quântica, o estado do spin singlet deve estar expresso igualmente bem como uma superposição dos estados temporais de spin orientados na direção x.

Chamemos tais estados temporais de Ia e IIa. No estado de sincronismo temporal de Ia, o elétron de Alice tem o spin +x e o de Bob, -x.

No estado temporal de IIa, o elétron de Alice tem spin -x e o de Bob, +x.

Portanto, se Alice mede +x, o sistema colapsa temporalmente para Ia e Bob obterá -x.

Por outro lado, se Alice medir -x, o sistema colapsa temporalmente para IIa e Bob obterá +x.

Em mecânica quântica, o spin x e o spin z são "observáveis incompatíveis sem considera o sincronismo temporal com o observador temporal", que significa que há um principio da incerteza de Heisenberg operando entre eles: um estado quântico não pode possuir um valor definido para ambas as variáveis sincronicamente.

Suponha que Alice meça o spin z e obtenha +z, com o estado quântico colapsando temporalmente para o estado I.

Agora, ao invés de medir o spin z também, suponha que Bob meça o spin x.

De acordo com a mecânica quântica, quando o sistema está no estado temporal I, a medição do spin x de Bob terá uma probabilidade de 50% de produzir +x e 50% de -x.

Além disso, é fundamentalmente impossível predizer qual resultado será obtido até o momento que Bob realize a medição.

Incidentalmente, embora tenhamos usado o spin como exemplo, muitos tipos de quantidades físicas — que a mecânica quântica denomina como "observáveis" — podem ser usados para produzir entrelaçamento temporal quântico.

1. A observação de qualquer estado está relacionada com a velocidade angular, vale dizer, da freqüência do observador em relação à freqüência do estado que está sendo observado, daí às várias possíveis interpretações divergentes de estados diferentes para o Gato de Schrödinger.

2. O tempo não é o mesmo no universo. Cada partícula tem o seu próprio tempo, assim como os corpos extensos de quaisquer dimensões no cosmo.

3. O tempo é uma propriedade particular e única para cada

coordenada do universo. Depende apenas da equação T=1/F.

4. Quanto mais lenta a partícula, maior o seu tempo, consequentemente, quanto mais rápido (maior a sua frequência) a partícula se move mais lento é o seu tempo, vale dizer, menor é o seu período.

A perspectiva de observação de quem se move à velocidade da luz, ou seja, em frequência elevada, é a de que nada se move no universo.

Uma explosão de uma bomba química parece a um observador em repouso como um evento instantâneo, mas, se o mesmo estivesse se movimentando à quase a mesma velocidade da luz poderia ver cada fase da explosão com se fosse uma parede de tijolos sendo erguida pacientemente por um habilidoso pedreiro, peça-a-peça.

No limiar da velocidade da luz todos os eventos anteriores e posteriores parecem indiscerníveis ao observador assim postado. Esta é a causa do emaranhamento quântico.

Explicando o paradoxo de Bell, John Bell que mostrou que as predições da mecânica quântica no experimento mental de EPR são sempre ligeiramente diferentes das predições de uma grande parte das teorias de variáveis ocultas, falando ele, Bell, que a mecânica quântica prediz uma correlação estatística ligeiramente mais forte entre os resultados obtidos em diferentes eixos do que o obtido pelas teorias de variáveis ocultas.

Estas diferenças, expressas através de relações de desigualdades conhecidas como "desigualdades de Bell", são em princípio detectáveis experimentalmente.

Para uma análise mais detalhada deste estudo, veja teorema de Bell.

Uma explicação para este paradoxo de Bell é que os astrofísicos, Físicos, Filósofos, cometeram um grande equívoco: fizeram a presunção, e suposição de que o universo funciona como um gigantesco GPS, onde os eventos cósmicos pudessem ser sincronizados a um grande cronômetro.

Antes do Big-bang, não existia matéria, nem matéria escura, por conseguinte, antes do grande bang não existia o tempo, nem as leis da Física, nem da Biologia, nem Matemática, somente existia uma grande concentração de uma determinada forma de energia numa singularidade.

Depois do big bang surgiu o tempo, mas, não um tempo sincronizado, como trabalha a Física, a Astrofísica. O tempo é fragmentado e customizado por cada partícula do universo. Cada qual tem o seu próprio relógio, a cadenciar o seu ciclo de vida.

Depois da publicação do trabalho de Bell, inúmeros experimentos foram idealizados para testar as desigualdades de Bell. (Como mencionado acima, estes experimentos geralmente baseiam-se na medição da polarização de fótons).

Todos os experimentos feitos até hoje encontraram comportamento similar às predições obtidas da mecânica quântica padrão. Baseados no tempo sincronizado do universo.

Sabemos que todos os experimentos são referenciados ao tempo do observador, daí ao experimento mental do gato de Schöredinger onde o evento somente se define para o observador, diga-se, para o momento da verificação, dentro de um contexto de descoberta, dentro do contexto de verificação e dentro de um contexto de explicação e de justificação do experimento.

Este desemaranhamento dos tempos escolhe o evento aleatóriamente e o sincroniza com o tempo da observação, instantaneamente.

Porém, este campo ainda não estava completamente definido.

Antes de mais nada, o teorema de Bell não se aplica a todas as possíveis teorias "realistas".

Foi possível agora construir uma teoria que escapa de suas implicações e que são, portanto, distinguíveis da mecânica quântica; porém, estas teorias são geralmente não-locais — não parecem violar a casualidade e as regras da relatividade especial.

Depois da formulação da teoria do tempo assíncrono no universo, as variáveis ocultas que exploram brechas nos experimentos atuais, tais como brechas nas hipóteses feitas para a interpretação dos dados experimentais, ficam assim explicadas e justificadas num contexto de justificação lógico e formal.

Todavia, ninguém ainda tinha antes da teoria da assincronicidade conseguido formular uma teoria realista localmente que pudesse reproduzir todos os resultados da mecânica quântica.

As grandes dificuldades nestas experiências mentais do gato de Schöredinger e as estruturas mentais de Bell nos remetem às duas questões:

- a) A assincronia temporal do universo;
- b) A atemporalidade de partículas viajando à velocidade da luz;

2) Consequências:

- a) O tempo congela-se no nosso âmbito de verificabilidade de eventos nas proximidades da velocidade da luz;

- b) A determinação de eventos ocorridos no universo, como até mesmo a determinação da idade do universo torna-se temerário, uma vez que estamos referenciados à temporalidade do âmbito da percepção humana do tempo, isto é, no nosso cronômetro particular.

- c) Os eventos da criação do universo pouco antes, durante e pouco depois do big-bang se deram atemporalmente, isto é: o tempo estava congelado durante estes estágios, como ocorre com os estágios dos ciclos das partículas atômicas e subatômicas.

- d) A determinação seqüencial dos eventos no microcosmo das partículas requer um outro olhar para a situação do desentrelaçamento temporal humano dos eventos observáveis.

Na interpretação de muitos mundos da mecânica quântica, de Everett, a qual não isola a observação como um processo especial temporal, ambos estados vivo e morto do gato persistem, mas são incoerentes entre si, se vistos como sincronizados entre si.

Agora poderemos rever estes conceitos de mundos separados pelo tempo, mas, um tempo de sincronismo entre o evento que cai no âmbito do tempo do observador do evento A, e o mesmo raciocínio é válido para a alternativa do evento B sincronizado com o tempo do observador (gato morto, A, ou gato vivo, B).

Nos outros mundos, de Everett, quando a caixa é aberta, a parte do universo contendo o observador e o gato são separados em dois universos distintos, um contendo um observador olhando para um gato morto, outro contendo um observador vendo a caixa com o gato vivo. Isto somente só seria explicado para tempos ou relógios separados.

Como os estados vivo e morto do gato são incoerentes, quando sincronizados temporalmente, não têm comunicação efetiva ou interação entre eles.

Quando um observador abre a caixa, ele entrelaça o seu cronômetro com o cronômetro do gato, então, as opiniões dos observadores do gato sobre ele estar vivo ou morto são formadas e cada um dos estados do gato não tem interação um com o outro.

O mesmo mecanismo de incoerência quântica é também importante para a interpretação em termos das Histórias consistentes. Apenas "gato morto" ou "gato vivo" pode ser parte de uma história consistente nessa interpretação temporal.

Uma outra conclusão destes conceitos é a de que se explicaria o por quê do trabalho que mantém as partículas sempre em movimento sem desperdiçar energia, ($W = e.t$, "W" trabalho, "e" energia, "t" tempo) é que o tempo quase congelado (quase-nulo) impede que esta energia seja consumida, pois sendo W quase = 0, não viola os princípios da mecânica clássica da termodinâmica. Está superado mais um impasse-mistério do universo o qual seria a misteriosa fonte de energia do átomo e de suas partículas nunca decaírem.

PS.: Tudo o que cai no âmbito da consciência ou da nossa cognição não passa de fenômenos subjetivos não submetidos à epochê de Husserl.

Este estado de coisas superpostas tem muito a ver com a Fenomenologia. Tudo que é observado é modificado pela consciência de quem observa e é único, subjetivo enquanto fenômeno, é como se fosse uma visão particular do evento.